旧工业建筑再生利用利益机制与分配决策

The Interest Mechanism and Allocation Decision-making for the Regeneration of Old Industrial Buildings

陈 旭 李慧民 田 卫 郭海东 著

中国建筑工业出版社

图书在版编目（CIP）数据

旧工业建筑再生利用利益机制与分配决策 / 陈旭等著 . —北京：中国建筑工业出版社，2020.2

ISBN 978-7-112-24454-6

Ⅰ.①旧… Ⅱ.①陈… Ⅲ.①旧建筑物—工业建筑—废物综合利用—研究 Ⅳ.①X799.1

中国版本图书馆CIP数据核字（2019）第247874号

本书系统阐述了旧工业建筑再生利用利益机制与分配决策的理论与方法。全书共分为11章，其中第1章主要论述了旧工业建筑再生利用利益机制的发展现状与基础理论；第2～6章分别从效益评价与量化、补偿机制、监管机制、激励机制、利益分配决策等方面，有针对性地论述了具体的涵义、内容、方法及对策建议；第7～11章主要针对前述理论章节辅以案例解析，以增强全书的实用性与可读性。

本书可作为旧工业建筑再生利用领域投资、规划、监管、科研人员的参考书籍，也作为高等院校土木工程与工程管理等专业的教科书。

责任编辑：武晓涛
责任校对：芦欣甜

旧工业建筑再生利用利益机制与分配决策

The Interest Mechanism and Allocation Decision-making for the Regeneration of Old Industrial Buildings

陈　旭　李慧民　田　卫　郭海东　著

*

中国建筑工业出版社出版、发行（北京海淀三里河路9号）
各地新华书店、建筑书店经销
北京点击世代文化传媒有限公司制版
北京建筑工业印刷厂印刷

*

开本：787×1092毫米　1/16　印张：11　字数：233千字
2020年3月第一版　2020年3月第一次印刷
定价：45.00元

ISBN 978-7-112-24454-6
（34947）

《旧工业建筑再生利用利益机制与分配决策》
编写（调研）组

组　　长：陈　旭

副 组 长：李慧民　田　卫　郭海东

成　　员：李　勤　盛金喜　刚家斌　赵向东　周崇刚

武　乾　孟　海　钟兴润　贾丽欣　张广敏

高明哲　张　扬　刘慧军　华　珊　陈　博

裴兴旺　李文龙　郭　平　柴　庆　刘怡君

刘乔惠　郭　潇　谷　玥　张旭东　赵鹏鹏

王立杰　刘　龙　王安冬　刘亚丽　计亚萍

任秋实　蒋红妍　黄　莺　张　勇　李宪民

赵明洲　樊胜军　陈曦虎　杨占军　张　健

谭飞雪　闫瑞琦　李林洁　马海骋　万婷婷

前　言

《旧工业建筑再生利用利益机制与分配决策》围绕旧工业建筑再生利用基本理论与方法进行撰写，在现行价值评定、绿色再生、规划设计、项目管理等系列标准的基础上，系统阐述了旧工业建筑再生利用项目开发过程中利益机制与分配决策的理论与方法。全书共分为理论（1 ~ 6 章）与案例（7 ~ 11 章）两部分。其中，第 1 章主要论述了旧工业建筑再生利用利益机制的发展现状与基础理论；第 2 ~ 6 章分别从效益评价与量化、补偿机制、监管机制、激励机制、利益分配决策等方面，有针对性地论述了具体的涵义、内容、方法及对策建议；第 7 ~ 11 章主要针对前述理论章节辅以案例解析，以增强全书的实用性与可读性。

本书由陈旭、李慧民、田卫、郭海东著。其中各章分工为：第 1 章由陈旭、郭潇、刘乔惠撰写；第 2 章由李慧民、赵鹏鹏、郭潇撰写；第 3 章由田卫、谷玥、李慧民撰写；第 4 章由郭海东、张旭东、田卫撰写；第 5 章由刘乔惠、王立杰、陈旭撰写；第 6 章由郭潇、刘龙、郭海东撰写；第 7 章由陈旭、赵鹏鹏、王安冬撰写；第 8 章由李慧民、谷玥、计亚萍撰写；第 9 章由田卫、张旭东、刘亚丽撰写；第 10 章由郭海东、王立杰、刘乔惠撰写；第 11 章由谷玥、刘龙、任秋实撰写。

本书的撰写得到了国家自然科学基金委员会项目“基于博弈论的旧工业区再生利用利益机制研究”（批准号：51478384）、“考虑工序可变的旧工业建筑再生施工扬尘危害风险动态控制方法研究”（批准号：51908452）、“生态安全约束下旧工业区绿色再生机理、测度与评价研究”（批准号：51808424）、住房和城乡建设部科学技术项目“基于绿色理念的旧工业区协同再生机理研究”（批准号：2018-R1-009）及陕西省教育厅专项科研项目“环境损伤型旧工业建筑协同再生安全预控方法研究”(批准号:Z20180357)的支持。此外，在撰写过程中还得到了西安建筑科技大学、中冶建筑研究总院有限公司、北京建筑大学、西安市住房保障和房屋管理局、西安华清科教产业（集团）有限公司、百盛联合集团有限公司、中天西北建设投资集团有限公司等单位技术与管理人员的大力支持与帮助。同时，在撰写过程中还参考了许多专家和学者的有关研究成果及文献资料，在此一并向他们表示衷心的感谢！

由于作者水平有限，书中不足之处，敬请广大读者批评指正。

作者

2019 年 6 月于西安

目　录

第 1 章　旧工业建筑再生利用利益机制基础

随着我国经济高速发展，城市范围不断扩大，城市边界逐渐扩张，原位于城市边缘的工业企业驻地已经成为发展的黄金地段。为适应我国国民经济和社会发展第十三个五年规划纲要提出的新要求，再生利用成为处理旧工业建筑的最优选择。但由于相关政策模糊、利益补偿不合理、监管体系不完善、激励措施不到位、参与方利益分配不公平等问题，项目各主体的合法权益得不到保障，引发了一系列社会矛盾。因此，亟须结合旧工业建筑再生利用项目的实际，建立系统科学的再生利用利益机制体系，以有效指导相关工作的合理开展。本章从利益机制的内涵、构成、发展现状等方面出发，为全面构建旧工业建筑再生利用利益机制奠定基础框架。

1.1　旧工业建筑再生利用概述

1.1.1　源起与意义

在新的历史条件下，城市发展逐渐从增量模式向存量模式转变，城市更新已成为城市发展的主要方式。在此大背景下，原城市内部工业地段由于城市规划调整、功能转型、环境污染等原因不再适应城市的发展，大量位于中心城区的工业用地被置换为第三产业用地，导致诸多占地面积大但建筑密度和容积率却极低的旧工业建筑被废弃或闲置，造成资源的极大浪费。为满足城市功能需求、顺应社会发展形势、实现社会生态环境保护及国有资产保值增值，旧工业建筑再生利用项目蓬勃兴起，如图 1.1 所示。

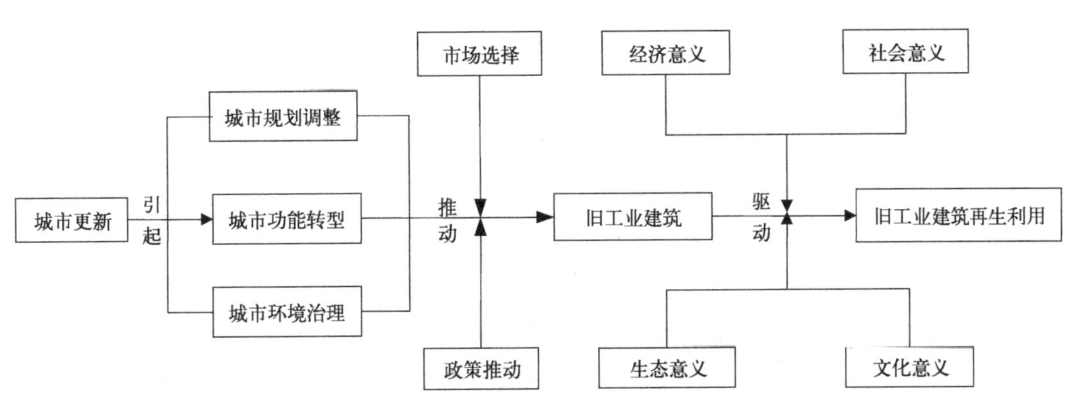

图 1.1　旧工业建筑再生利用的源起与意义

（1）源起

1）城市规划调整

近年来，随着我国城市化进程的加快，各省市均提出了关于“三旧”改造的详细规划。由于建筑密度大、生活环境质量差及基础设施不完善等因素，旧城区严重阻碍了城市化的质量和进程。因此，在规划建设中的旧城改造引起了广泛的关注和重视。然而，有些旧城更新活动对旧建筑进行盲目拆除或新建高层建筑，造成对城市原社会结构、文化脉络、地方风情的严重破坏，传统的历史文化正不断消逝。同时，追求经济利益最大化的城市建设导致城市千篇一律，缺乏特色。而对旧工业建筑再生利用能彰显城市在特定阶段的建筑艺术特色，在原旧工业建筑基础上进行改建、加建，并通过对立面、空间、建筑体量的改造，引入新材料、新色彩等活跃元素，使得其再生后既能体现原有的工业美感所散发原始的建筑魅力，又能体现时代特色所散发的浓厚的艺术气息。

2）城市功能转型

20 世纪 90 年代以来，随着我国产业结构的调整，第三产业发展战略全面推进，城市空间结构发生了重大改变，也对城市功能提出了新要求。由于工业企业建设发展和城市建设发展之间的矛盾、城市职能、产业结构及城市总体规划的再调整引起局部土地功能变化等原因，传统产业已不能满足社会发展的需要，必须增强推进传统产业转型升级的自觉性，从而使产业发展更好适应市场变化，实现以产业结构优化推动城市功能转型。因此，工业主动转移策略逐步开始实施，导致城市用地结构调整，进而工业重心向新兴工业区或郊外转移。在旧工业建筑再生利用过程中柔性融入城市功能，不仅能够弥补城市功能空缺，还能以全新的城市功能替换曾经衰败的物质空间，可为其迅速累积人气，使其重新发展和繁荣。

3）城市环境治理

2015 年，中央城市工作会议提出了“生态修复，城市修补”的新理念，是转变城市发展方式的有效手段。改革开放以来，我国工业经济高速发展是国民经济发展的主要推动力，而其所造成的环境污染问题也不容小觑，粗放式的发展模式使城市建设与生态保护的矛盾日益激化。因此，寻求环境质量和工业经济增长之间的演进规律以谋求平衡是当前亟待解决的问题。现今随着城市居民生活水平的提高，对城市环境的要求也逐渐提高，这就要求在治理环境时使原位于城区的工业厂区搬迁至郊区进行生产，进而导致城区内大量工业厂房的闲置。对旧工业建筑再生利用能够集约利用土地资源，充分利用可再生能源，是一种可以有效减轻环境污染的做法。

（2）意义

近年来，越来越多的旧工业建筑实现了再生利用，其生命得以延续，我国也必将会出现更多优秀的案例。旧工业建筑再生利用不仅能够有效地完善城市服务功能，还能够增强城市历史厚重感，传承城市历史文脉，对实现我国城市建设可持续发展具有重要意义。

1）经济意义——带动城市发展

旧工业建筑本身结构牢固、空间宽敞、特征明显，可结合自身情况进行不同程度的改建、扩建及加建，相较推倒重建的方式而言大大节省了建设成本。优良的地段、宽敞的占地、开放的公共空间均使得旧工业建筑再生利用具有很强的可塑性和良好的开发潜力。旧工业建筑通过空间环境的改善，可用于展览、文化创意、剧院、餐饮、娱乐以及特色公寓等。多种高投资回报率的投资项目，不仅会激发自身的经济活力，也会促进周边的经济发展，甚至带动整个城市经济的复苏。

2）社会意义——提升城市活力

原工业企业搬迁后，会存在原厂职工安置问题。对旧工业建筑再生利用能够增加就业机会，为其提供就业岗位。不仅如此，还能完善区域基础设施，提高周边人员生活质量，消除潜在的不稳定因素。经过整修、翻新后，旧工业建筑既保留了工业厂房独特的历史片段，又焕发出新的生机，延续了建筑的生命，同时也丰富了城市建筑景观，提高了城市的辨识度。

3）环境意义——改善城市环境

日本有关学者研究得出：与建筑业有关的环境污染约占环境污染总量的 34%，且使用周期为 100 年的建筑物要比使用周期 35 年的建筑物污染程度减少 17%，可持续发展是新世纪以来城市发展的必然趋势。拆除旧建筑、建造新建筑是城市更新的发展历程，然而“拆”与“建”过程的不断更替，会导致资源的二次消耗及环境的二次污染，而旧工业建筑再生利用是典型的资源再生利用、典型的“变废为宝”。

4）文化意义——塑造城市灵魂

城市传统工业的衰落，使得工业时代大量建造的旧工业建筑失去实际的生产使用功能，然而其作为工业时代的产物，会在建筑风格、建筑结构、建筑空间及建筑色彩等各个方面均承载城市文明和技术发展的历史印迹，体现了城市工业文明的发展历程，反映了时代的社会、文化、经济特色，唤起人们的认同感和归属感，是能够反映城市历史和文化的“博物馆”。

1.1.2　现状与趋势

（1）现状

在不同城市，由于区域经济、文化水平以及外来文化冲击影响程度不同，旧工业建筑再生利用带有明显的地域特征。以经济人口水平、城市定位等不同为主线，不同类型城市旧工业建筑再生利用方式具有各自鲜明的特点。

1）一线城市

以保留、保护、修缮、再生为手段的多样化的开发模式，实现文化价值与经济价值的共赢。以北京市为例，北京市是全国范围内旧工业建筑保护及再生利用工作做得最好的城市之一。其旧工业建筑再生利用起步较早，城市内再生利用项目较多且日趋规范，已形成 798 艺术区、莱锦文化创意产业园等成功案例，如图 1.2、图 1.3 所示。

图 1.2　798 艺术区一角

图 1.3　莱锦时尚创意产业园锯齿形厂房

2）历史名城

在工业遗产保护与再利用的基础上，将旧工业建筑再生利用项目与旅游产业相结合，实现“工业 + 旅游”。杭州、苏州、无锡、宁波作为我国历史名城，是著名的旅游城市，为了提高城市的文化底蕴、丰富其历史内涵，政府对这类城市旧工业建筑的再生利用日趋重视，并给予了大量的鼓励和优惠政策。如杭州市的 LOFT49（图 1.4）、苏州市的桃花坞创意产业园（图 1.5）、无锡市的纸业公所及宁波市的新芝 8 号等，均是以严格保护建筑原貌的方式进行再生，在保护文物的同时，通过老建筑带来的品牌效应和广告效果，提高了整个厂区的综合价值。

图 1.4　LOFT49

图 1.5　桃花坞创意产业园

3）二三线城市

20 世纪 90 年代，处于快速工业化发展时期，伴随着大批工业企业改制、转型、重组、搬迁，出现了大量亟待置换的旧工业厂区，在“提高容积率、增大经济效益”的驱使下，大量旧工业用地采用推倒重建的方式来进行房地产开发，导致成功的旧工业建筑再生利用项目较少。而后在利益驱使下，国内大部分二三线城市普遍意识到旧工业建筑再生利用的综合效益，开始对其进行摸索尝试且成功开发了部分旧工业建筑再生利用项目，如西安市的老钢厂创意设计产业园（图 1.6）与大华 1935（图 1.7）等值得推广的再生利用案例。

图 1.6　老钢厂设计创意产业园

图 1.7　原西安大华纺织厂门牌保留

4）老工业基地

沈阳、大连、郑州、重庆、天津等市均为我国的重点工业城市，在城市更新的过程中产生大量闲置工业建筑。为推动产业结构转型升级，政府在产业政策、创新政策、投资政策、金融政策、土地政策等方面均加大了对旧工业建筑再生利用的支持力度，这些城市开始对闲置的工业建筑进行改造，如大连市的 15 库（图 1.8）与沈阳市的铁西 1905 创意产业园（图 1.9）。

图 1.8　15 库

图 1.9　铁西 1905 创意产业园

（2）趋势

1）政策层面发展趋势

旧工业建筑作为建筑风格独特、结构坚固、历史文化价值突出的既有建筑，对其的保护与利用成为必然趋势。2006 年，在无锡召开的中国工业遗产保护论坛上形成的官方文件《无锡建议》，是我国首个关于工业遗产保护的政策性文件。自此国家陆续出台了关于工业发展、历史文化名城保护、工业遗产及城市更新等相关政策，从而保障旧工业建筑保护与再利用工作的顺利开展。

2）理念层面发展趋势

旧工业建筑再生方式经历了传统再生、文明再生之后，由于我国对建筑节能性、建筑改善环境效果及建筑健康舒适性等多方面的要求，绿色再生已成为旧工业建筑发展的必然趋势。但此类项目普遍存在原有建材利用率低、物理环境较差、使用舒适度不足等问题，在保证建筑安全的前提下，开发商越来越倾向于融入绿色理念，通过提高建筑观感、环保性能和使用舒适度，对再生方式进行优化。

3）建筑层面发展趋势

早期立足于工业遗产的保护与利用，由于经济效益不好，难以维持项目的良好运营状态。随着运营经验的丰富，以及人们对旧工业建筑再生的意义和方法认识的不断深入，如今在强调保护建筑的同时还要能发挥其价值，获得建筑价值和经济价值的双赢，更好地发挥建筑余热，确保旧工业建筑得到妥善维护。目前，大多建筑形态趋向艺术化，并通过建筑加层、根据场地状况与新建建筑相结合的方式提高容积率，从而打造一个美观、舒适、便捷的环境。

4）技术层面发展趋势

随着现代城市范围的逐渐扩大，旧工业建筑逐步被新建的各种街区所包围，成为城市的一部分。这些工业设施因其对土地的污染，降低了周边地区的环境质量。为解决旧工业用地上的土壤污染问题，由此提出了“棕地”概念。此外，太阳能光伏发电、风力发电、主动式人工导光、水回收利用、智能化集成平台等绿色技术也陆续被应用到再生过程中，以缓解环境与资源的压力。

1.1.3 模式与特点

（1）模式

1）再生功能模式

通过对全国 19 个城市 104 个旧工业建筑再生利用项目的实地调研，基于基本特征分析及信息整理成果，将旧工业建筑再生利用分为商业场所、办公场所、场馆类建筑、居住类建筑、遗址景观公园、教育园区、创意产业园、特色小镇等再生功能模式。每种再生功能模式的主要业态类型及代表案例如表 1.1 所示。

2）再生开发模式

对旧工业建筑的再生利用必须符合我国现行法规体制，才能保证国有土地的收益、城市发展的有序进行以及市场公平的竞争。其再生利用过程按是否调整开发主体来进行分类，可划分为自主式开发、统一式开发和综合式开发，见表 1.2。

再生功能模式　　表 1.1

序号	再生功能	业态类型	代表案例
1	商业场所	包括商业、休闲、金融、保险、服务等	上海田子坊
2	办公场所	以办公为主，并配以少量商业	南昌 8090 梦工厂
3	场馆类建筑	以具有观演、体育、展览等功能的业态为主	南京悦动新门西
4	居住类建筑	包括住宅式公寓、酒店式公寓、城市廉租房、宿舍等	深圳 iDTown 设计酒店
5	遗址景观公园	以旧工业遗址景观为主题，旅游与文化结合	中山岐江公园
6	教育园区	包括教室、图书馆、食堂、宿舍等	华清学院
7	创意产业园	以文化创意类业态为核心	北京 798 艺术区
8	特色小镇	包括工业企业、研发中心、餐饮、休闲娱乐、文化体验等	杭州基金小镇、巧克力小镇

再生开发模式　　表 1.2

序号	开发模式	定义	开发形式	代表案例
1	自主式开发	原工业企业由于停产、转型、迁移等原因，导致部分或全部旧工业建筑闲置	出租、自行开发	纽约 SOHO、上海苏州河艺术仓库、北京 798 艺术区
2	统一式开发	政府主导进行整个地区或区段的规划、迁移、改造	引进开发商、联合其他商家出资（联合、转让等方式）	西安建筑科技大学华清学院
3	综合式开发	政府对整个地区或区段的规划实施统一管理，区别不同情况，既有统一式开发，又允许在政策范围内的自主式开发	统一开发、统一规划，引导企业采取引资、合资等方式开发	西安“纺织城”

（2）特点

1）年代分布不均

由于我国各城市工业发展历程不同，旧工业厂房年代分布不均。根据调研整理的“旧工业建筑再生利用项目基础信息数据库”，得到旧工业建筑的年代分布状况如图 1.10 所示。其中，1980 年以前的旧工业建筑居多，总体呈现特征为：①在建筑属性和历史文化层面有丰富的内涵底蕴；②多采用“修旧如旧”的方式进行保护修缮；③由于建造技术落后、年代久远、保护不当等原因，原结构性能存在诸多安全隐患，再生时应符合现行标准，因此改造成本高。

2）结构类型多样

考虑到同一项目中可能存在不同结构形式的厂房，因而在划分时按照主体建筑的结构形式进行归类，见表 1.3。呈现特征为：①钢筋混凝土厂房占比最大（54.81%），相较于其他结构具有空间高大、坚固耐久、防火性能好的优点，总体可改造性良好；②砖混结构厂房占比次之（37.50%），此类厂房保存完整性较好，但大部分厂房空间较小，再生利用时内部空间拆改工作量较为繁杂；③砖木结构与钢结构占比很小，由于锈蚀和腐化的原因，两者保存完整性较差，因而改造成本相对较高。

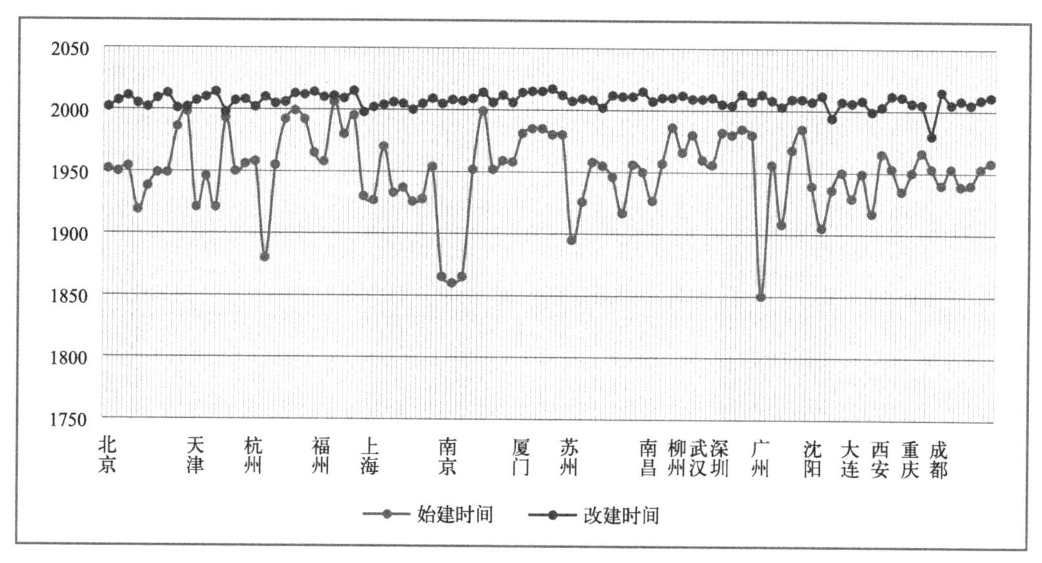

图 1.10 我国旧工业建筑年代分布状况

我国旧工业建筑结构类型分布表 **表 1.3**

序号	结构类型	数量	比例	代表案例
1	砖木结构	5	4.80%	苏州檀香扇厂；太古仓码头
2	砌体结构	39	37.50%	新华 1949；M50 创意产业园
3	钢筋混凝土结构	57	54.81%	8 号桥时尚创意中心；苏州 X2 创意街区
4	钢结构	3	2.89%	京渝文创园；铸造博物馆

3）再生功能多元

根据调研情况，总结得到旧工业建筑再生功能分布如表 1.4 所示，呈现特征为：①我国旧工业建筑再生利用的功能主要有创意产业园、博物馆或展览馆、商业、公园绿地、艺术中心、学校、办公、住宅、宾馆等；②在相关政策的支持下，有 42.71% 的项目再生利用为创意产业园，旧工业建筑作为创意产业的空间载体取得了较好的综合效益及使用效果；③旧工业建筑一般具备厂区体量大、占地面积较广的特点，结合城市建筑密度大、绿地率低的现状，适当改造闲置的工业建筑群、打造环保型主题公园已成为旧工业建筑再生利用的新趋势。

4）土地性质变更少

目前，我国旧工业建筑再生利用项目用地使用权的取得方式基本上属于行政划拨用地。由于企业对其使用的划拨土地仍然没有经营权、转让权及出租权等权利，加之相关法律法规不健全、政府审批手续复杂等问题，土地性质变更较为困难。因此，现有旧工业建筑再生利用项目用地属性能够由工业用地向商业用地或居住用地转变得极少，大多仍为工业用地属性，如表 1.5 所示。

旧工业建筑功能再生汇总表　　表 1.4

序号	现功能	数量	比例
1	创意产业园	45	42.5%
2	博物馆、展览馆	12	11.3%
3	商业	8	7.5%
4	公园绿地	7	6.6%
5	艺术中心	6	5.7%
6	学校	3	2.8%
7	办公	5	4.7%
8	住宅	3	2.8%
9	宾馆	14	13.2%
10	其他（包括冷库、综合市场等）	3	2.8%
11	合计	104	100%

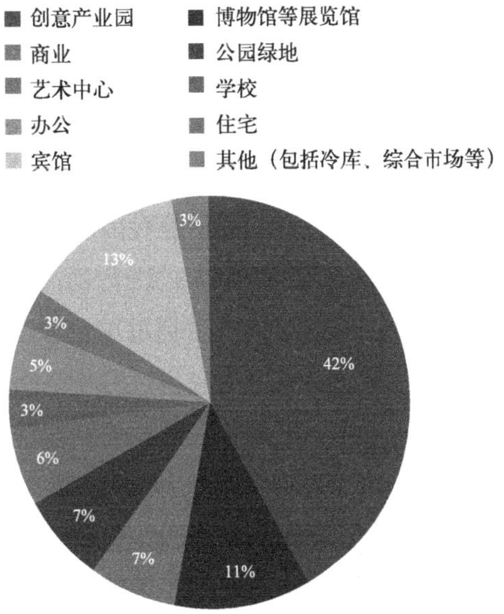

我国旧工业建筑再生利用项目土地权属统计表　　表 1.5

序号	土地属性	数量	比例	代表案例
1	工业用地	87	88.78%	老钢厂创意设计产业园
2	商业用地	9	9.18%	LOFT49、苏纶场
3	居住用地	2	2.04%	丝联 166 创意产业园

5）投资额差异大

从总投资额上来看，旧工业建筑再生利用项目的总投资额范围为：200 万元～ 5000 万元，建筑面积范围为：0.15 万 m^2 ～ 200 万 m^2，差异性很大；就单位面积投资额而言，呈现出明显的两极化特征，主要与项目定位、周边经济水平、再生方式等紧密相关。单位面积投资额高的项目大多定位高端，项目总投资额度大，区域经济条件较好，并且有开发商参与开发；而单位投资额低的项目一般定位较一般，总投资额度不高或投资额度高但项目总面积大，并且无开发商参与再生。

6）利益机制不健全

通过调研可以发现，能够协调各个主体利益关系的机制尚不健全，无法妥善解决旧工业建筑再生利用过程中因补偿不合理、监管不严、激励不到位、分配不公平等因素引起的一系列矛盾，而该系统不健全的主要症结在于不同主体的利益诉求存在较大差异。通过利益机制平衡各个主体之间的利益关系，是确保各方合理权益不受侵害、推动项目成功的重要保障。

1.2 利益机制内涵解析

1.2.1 利益机制涵义

机制一般包含如下三个方面的内容：一是受系统规律支配，能够自主发挥基础性及根本性稳定效应；二是由若干个具体的机制组成，并且在动态中不断调整完善；三是由具有不同层次、范围及效应的制度、体制、政策及规范等构成。

旧工业建筑再生利用是对因各种原因失去原有使用功能的工业建筑及其附属建（构）筑物通过修复、翻新等方式进行功能置换，在保留其历史价值的同时赋予其新用途的过程。由于旧工业建筑再生利用项目涉及众多利益相关者，各局中人从维护自身利益最大化角度出发，会对再生利用过程中各种经济现象及其变动进行反应，其行为之间存在相互依存、制约、影响的关系，对自身利益诉求必须满足的强烈欲望势必会引发一系列矛盾冲突。

旧工业建筑再生利用利益机制就是为不同利益主体间协调利益冲突，使其达到和谐状态，而采取的市场政策、法律法规、制度规范、社会关系等手段和方法的组合。利益机制的建立能够合理界定各方的利益，并且不断调整各行为主体间的利益分配关系，进一步优化旧工业建筑再生利用的收益和分配结构，为项目的稳步推进奠定基础。

1.2.2 利益机制构成

在旧工业建筑再生利用过程中，各参与主体不断进行着利益分化与重新整合的动态调整，需设计相适应的利益机制以保证项目开展的稳定性。通过利益平衡满足不同主体的合理利益诉求，构建旧工业建筑的有效管理模式，实现再生利用价值创造最大化，从而推动我国旧工业建筑再生利用项目运行由平稳型转变为高效型。由于项目的利益与其效益、补偿、监管、激励、分配具有耦合关系，因此项目利益机制一般包括有效益评价与量化、补偿机制、监管机制、激励机制、分配决策五个方面的内容，见图 1.11。

（1）效益评价与量化

旧工业建筑再生利用效益评价是对项目实施过程中的经济、社会、生态、文化等方面进行预先综合效益评价。评价是项目开展中必要的一个环节，科学、合理的评价可为方案优选、规划设计、施工控制、管理思路调整、风险评估提供有效的指导意见。而效益量化则是考虑了项目来自社会、环境等方面的描述性收益，并给出可靠的量化值，为利益分配博弈模型建立提供数据支撑。

（2）补偿机制

旧工业建筑再生利用补偿机制主要涉及政府对开发商关于财政税收金额的补偿以及对原企业单位关于安置费用的补偿。补偿是利用条件的差异，相互补充以提高整体效益的措施，实现各方满意的局面。应建立对利益受损方的合理补偿机制，从机制和制度建

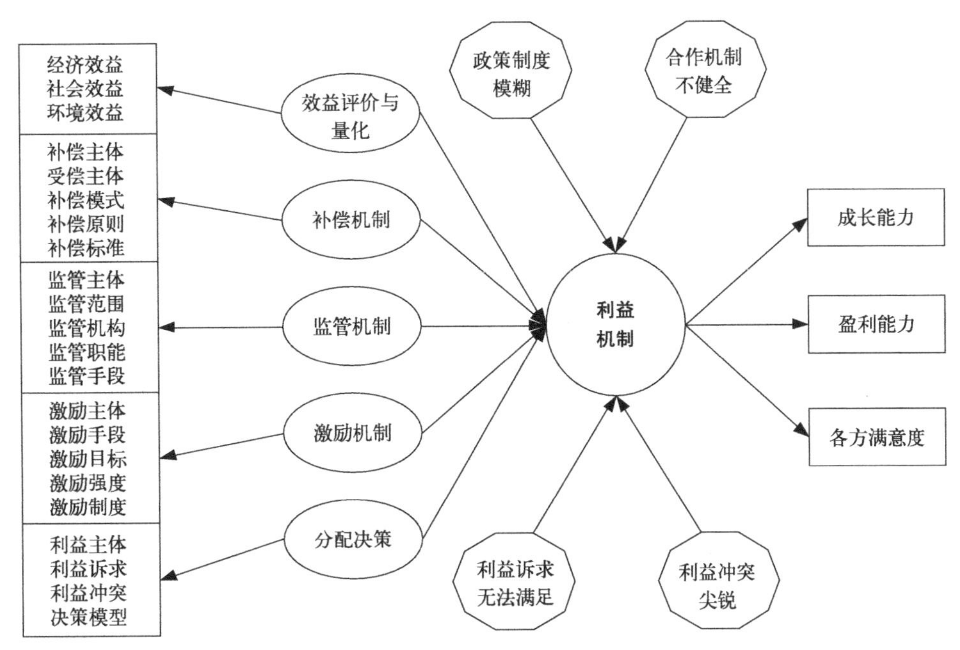

图 1.11　旧工业建筑再生利用利益机制构成

设上寻求更有效的措施，以使受偿主体的合法权利得到有效保障，从而维护社会稳定。

（3）监管机制

旧工业建筑再生利用监管机制贯穿于项目全生命周期中，政府负责指导完善监管制度和措施，建立由技术服务机构、行业协会及其他非政府组织组成的监管机构，以规范市场行为。严格的监管机制可有效解决再生利用过程中的社会、安全、环境等方面的问题，以确保项目的有序进行。

（4）激励机制

旧工业建筑再生利用激励机制主要是指政府为推动项目的开展，运用多种激励手段以调动开发商的积极性进而设计的一套理性化的制度。利润最大化是开发商追求的唯一目标，政府应针对开发商的特性，充分发挥“利益驱动”效应，采取适当的激励措施来满足其需求，以提高其开发再生利用项目的积极性和创造性，使旧工业建筑的剩余价值能够得到充分利用。

（5）分配决策

旧工业建筑再生利用分配决策主要是如何处理好项目收入与利益相关者所得之间的关系。由于不同类别主体与项目资产的关系和在项目中所处的地位不同，其利益诉求也会存在差异。而由于其利己性、信息获取不对称、利益分配不公等原因，又会导致一定的冲突行为。为满足各方利益诉求、化解矛盾冲突，须制定合理的分配决策方案，使各方利益最大化。

1.3 利益机制发展现状

1.3.1 利益机制政策法规

（1）梳理与总述

随着城市功能的不断升级，城市更新的范围不断扩大，相应的更新目标也在不断扩大。现阶段，更新对象主要为“旧村、旧厂和旧城”，更新模式主要为“城中村改造、工改工、工改商住、工改居”等，更新领域主要是“商业改造、住房租赁、内容更新、产业园区、办公升级、公益项目”等。目前，在国家层面逐步建立对城市更新的相关政策法规，见表 1.6。

城市更新政策演变 表 1.6

序号	政策法规	发布部门	出台时间
1	《国有建设用地使用权出让地价评估技术规范》	国土资源部办公厅	2018
2	《关于进一步做好城镇棚户区和城乡危房改造及配套基础设施建设有关工作的意见》	国务院	2015
3	《关于进一步做好棚户区改造相关工作的通知》	财政部、住房和城乡建设部	2016
4	《城市地下空间开发利用“十三五”规划》	住房和城乡建设部	2016
5	《关于进一步做好棚户区改造工作有关问题的通知》	住房和城乡建设部、财政部、国土资源部	2016
6	《关于加强生态修复城市修补工作的指导意见》	住房和城乡建设部	2017
7	《关于进一步做好城市既有建筑保留利用和更新改造工作的通知》	住房和城乡建设部	2018

城市更新从开发的层面上来讲，是一种在存量土地上进行再开发的行为。这些政策法规的出台保证了旧工业建筑再生利用项目的合规性，有效地推动其顺利开展。在上层政策的支持和引导下，各城市结合自身特色分别制定了相关政策法规来规范旧工业建筑再生利用利益机制，以满足各方利益诉求，更好地解决再生利用过程中面临的矛盾冲突，见表 1.7。

旧工业建筑再生利用利益机制相关政策汇总表 表 1.7

序号	城市	文件名称	相关内容	时间
1	北京市	《关于保护利用老旧厂房拓展文化空间的指导意见》	①坚持政府引导，市场运作；②对于符合条件的保护利用项目，可从市政府固定资产投资中安排资金补贴；对于保护利用项目中公益性、公共性服务平台的建设与服务事项，通过政府购买服务、担保补贴、贷款贴息等方式予以支持	2017
2	杭州市	《杭州市文化创意产业发展“十三五”规划》	①提供政策保障。落实现有政策，优化扶持政策，研究创新政策；②提供要素保障。提供资金、土地及人才支持	2017
3	福州市	《关于进一步加快福州市文化产业发展若干政策》	①发挥财政资金的引导作用；②加大金融机构对文化企业的资金支持；③打造文化产业投融资平台；④加大文化产业重点项目的用地保障；⑤鼓励盘活存量房地产资源，以促进文化产业发展	2017

续表

序号	城市	文件名称	相关内容	时间
4	上海市	《关于本市盘活存量工业用地的实施办法》	①健全利益平衡机制；②制定土地价款补偿方式和要求；③明确土地收储规定	2016
5	南京市	《关于落实老工业区搬迁改造政策加快推进四大片区工业布局调整的意见》	①支持各地区老工业区搬迁改造投融资平台的建设；②职工宿舍可享棚户区政策，鼓励搬迁企业对原址土地自主进行改造	2016
6	苏州市	《苏州工业园区鼓励和发展核心产业的若干意见》	①对核心产业制造类项目提供优惠扶持、技术改造支持；②提供一系列奖励措施	2017
7	深圳市	《深圳市战略新兴产业"十三五"发展规划》	①完善产业人才供给体系；②完善产业人才供给体系；③完善产业人才供给体系	2016
8	广州市	《广州市旧厂房更新实施办法》	①规定了相关部门职责分工；②规定了项目管理和资金保障；③规定了国有土地旧址改造为居住用地后的收益及补偿；④规定了土地出让金的计算方法	2016

然而，由于旧工业建筑再生利用系统的复杂性，各城市在推进再生利用的过程中，存在相关政策缺乏统一性和协调性、审批程序复杂、各部门之间联动机制不完善等共性问题。

1）政策文件缺乏统一性和协调性

从文物保护的角度出发，明确工业建筑遗产确定标准，及时予以具备历史文化价值的建筑充分保护，同时避免过度保护和保护失当的现象出现。此外，应明确再生利用工作开展流程和相关监管部门，切实指导再生工作的施行。另外，应建立旧工业建筑再生利用信息库，为将来相关工作的开展提供经验借鉴，也便于政府部门的监督和管理。

2）审批程序复杂，分工合作机制有待优化

项目申报一般包括项目预审、单元规划编制、再生项目审批、再生方案审批、相关手续完善、项目实施等一系列流程，各个连接的批准程序关联性强，会耗费大量时间。市、县发改、国土、规划及住建等部门须协同建立旧工业建筑再生利用项目行政审批快速通道，并简化审批程序，在一定期限内完成项目立项、规划许可、土地使用及施工许可等审批手续。

3）各部门联动机制有待完善

旧工业建筑再生利用项目在立项、规划、集资、建设、分配、入驻管理等各个环节，均需要各部门之间能够形成信息高度共享、工作高度衔接的办理流程和管理机制；否则，一旦在某个环节协调不畅就会影响到整个进程。在旧工业建筑再生利用工作实践中，面对相关部门各自为政、政策衔接不畅等阻碍工作进程的问题，应建立各部门联动机制，加强各部分联系与协作，提高办事效率。

（2）改革与评析

在我国城市土地使用制度改革开始的前 30 年，我国城市建设用地使用权的取得办法采用单一的行政划拨形式。企事业单位根据建设需求并按照一定的建设程序，申请建设项目，经有关部门批准后，持批准文件向县级以上人民政府土地管理部门提出拨给土地的申请。而在当前的市场经济条件和城市土地使用权管制的相关政策内，却成了制约旧工业建筑再生利用的瓶颈。

如何应对工业用地土地用途的改变成为敏感而复杂的问题。已出台的相关规定均存在一定程度的操作困难，或者存在矛盾和差异，造成了各地在处理工业用地用途改变为经营性用地业务过程中，出现了诸如政策把握不准、处置方式混乱等问题。

1）政策改革研究

为了规范划拨土地使用权的流转及适应土地使用的市场化要求，进一步盘活国有大中型企业，特别是帮助特困企业“解困”，原国家土地管理局在1992年和1998年相继出台了《划拨土地使用权管理暂行办法》（以下简称《办法》）和《国有企业改革中划拨土地使用权管理暂行规定》（以下简称《规定》），客观上为国有企业改制起到了松绑的作用，极大程度上推动了国有企业改革的步伐。

①《划拨土地使用权管理暂行办法》评析

《办法》中规定：土地使用权出让金，不同于土地使用权转让、出租、抵押等方式，按标准规定土地价格的一定比例收取，最低不得低于标定地价的40%。标定地价由所在地市、县人民政府土地管理部门根据基准地价，按土地使用权转让的出租、抵押期限及地块条件核定。

《办法》对国有企业土地使用权的流转客观上起到了催化作用，同时对规范土地使用权交易行为、维护和保障国有资产有效收益也起到了推动作用。然而，土地出让金上缴界限的划分缺乏理论支持，很难对划拨土地使用权的分配做出公平的决策。此外，企业取得划拨土地流转权的代价标准缺乏实际依据。上述《办法》中，划拨土地使用者通常按照标定地价的40%交纳出让金作为获得划拨土地流转权的价格。换言之，国有企业在获得土地流转权后，如果再行转让土地获得收益，其权利收益是否也应该是40%的比例，此定价标准在实践中缺乏合理性。另外，如果行政划拨用地按上述《办法》获得流转权后，将其进行转让，并在符合城市规划的条件下可以按一定程序申请改变土地用途，但必须缴纳不同土地用途基准地价的差价作为补偿。而对于基准地价高的地块向基准地价低的地块转变，如工业用地向教育用地改变用地属性，则不具有可行性，由政府向业主退补差价的先例尚未出现。

②《国有企业改革中划拨土地使用权管理暂行规定》评析

为了进一步振兴国有大中型企业，盘活其划拨土地成为国企改革选择的有效途径。即从法规上承认划拨土地使用权是一种可以由使用者自由支配的财产权，以此来促进划拨土地使用权的合理流转，从而盘活存量土地资产，调整建设用地结构。

原国家土地管理局于1998年3月1日发布实施了《规定》。其中，第六条指出“国有企业破产或出售的，企业原划拨土地使用权应当以出让方式处置。破产企业属国务院确定的企业优化资本结构试点城市范围内的国有工业企业，土地使用权出让金应首先安置破产企业职工，破产企业将土地使用权进行抵押的，抵押实现时。土地使用权折价或者拍卖、变卖后所得也应首先用于安置破产企业职工”。

《规定》的出台，无疑为国有企业改制提供了契机，解决了困扰已久的土地使用权问题，特别是对破产企业及破产企业职工安置问题起到了保障作用，但由此而引发了新的不公平的讨论。《规定》只为属国务院确定的企业优化资本结构试点城市范围内的国有破产工业企业提供了优惠条件，而其他企业仍然无法解决困境。非此范围内的国有企业改制，尤其涉及土地使用权流转、使用性质发生变更的问题得不到根本解决。2006 年 8 月，《中华人民共和国企业破产法》的通过使 2008 年后的国企失去“特殊照顾”，只能转而选择市场化的退出方式，政策性关闭破产随之取消，导致上述规定也失去了实践意义。

2）各地法规评析

在我国计划经济时代，政企合一。国有企业在行政隶属上有“央属、部属、省属、市属、区属”之分，其管辖权也分别属不同级别的政府某行政部门。显然，各地区在国企改革中已经提前体会到国有土地使用权对改革进程的制度羁绊，在《规定》出台前，部分地区已通过政府文件、国土资源厅文件、体改委文件、国资委文件等形式对国有土地使用权的流转进行了改革尝试与探索。例如，《中共陕西省委、陕西省人民政府关于放开搞活国有小企业的决定》（陕发 [1997]18 号 1997 年 12 月 4 日）中即对土地资产评估、土地使用权流转及土地使用权出让金用于职工安置等方面均有所触及。但在《规定》出台前，各地改革进度参差不齐，各种政策出台的背景、侧重点、理解、可操作性上均未达到清除障碍、推倒围墙的作用，甚至在某些方面还出现了偏差，激化了矛盾。

显然，《规定》的出台对各地的做法起到了制度保障和引导的作用，也对各地的自发改革起到了规范作用。各地区对《规定》的理解和实施，应根据当地的实际情况制定相应的细则。比如，北京市率先于 1998 年 12 月发布《北京市房屋土地管理局关于北京市国有企业改革中划拨土地使用权管理的若干意见》（京政办发［1998］77 号），该意见中除对国土资源局《规定》中主要精神及名词和大部分条文进行了引用，还重点结合地方特点和产业特点，对《规定》进行了补充、拓展，使其更加具有针对性和可行性。

另外，土地政策在改革调整中逐步前行，但与其相关的其他配套政策法规并没有作相应调整，在操作中仍然存在很大问题。在实践中，遭遇的矛盾实际上延误了改革的推进。

1.3.2　利益机制类型与特征

（1）类型

不同的旧工业建筑再生利用项目发展模式会有所不同，项目收益会根据每种类型中的利益相关者贡献大小来分配。从利益分配的主体来看，目前我国旧工业建筑再生利用利益机制大致可分为以下三种类型：

1）多方合作型模式

多方合作型模式是政府协调、原企业配合、开发商参与的利益机制类型，该模式中一般由政府落实土地征收工作后，以招拍挂的形式出让土地使用权，再由开发商组织进行项目开发，项目所得由政府、原企业单位、开发商按比例分配。这是目前国内外较为流行的模式，其组织框架如图 1.12 所示。

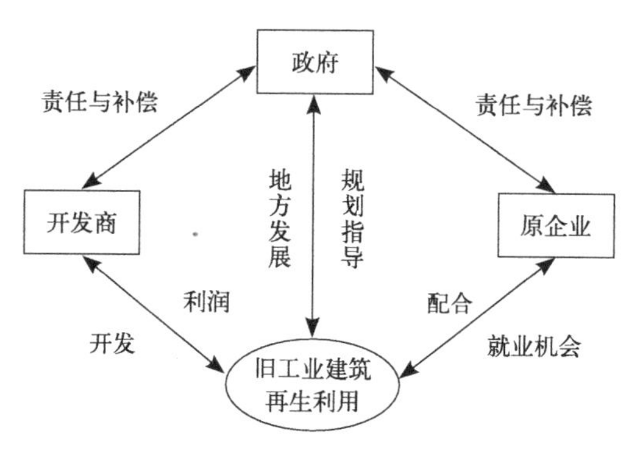

图 1.12　多方合作型改造模式组织框架

该模式主要特点是项目开发建立在政府公共部门与开发商合作的基础上，通过行政和市场两种手段联合开发。政府通过区域总体规划、各类产业政策引导及相关协调工作，能够有效协调各方利益与矛盾，促进项目开发的实施性。因此，多方合作型模式在一定程度上解决了政府因信息不对称产生的低效问题，缓解了原厂职工的再就业问题与开发商拆迁安置过程中的压力；同时，政府还能够对开发商的一些过度行为进行有效监督，实现了权力制衡，推动了项目开展。

2）政府主导型模式

由政府相关部门规划出一片新区域，建立基础管理机构和运营企业，集中建设基础设施和相关服务平台，实施一定的优惠扶持政策，以此吸引和支持某类文化创意产业发展而逐渐形成集聚区。以北京石景山数字娱乐产业基地和北京市 DRC 工业设计创意产业基地为例：①北京石景山数字娱乐产业基地，由区委、区政府统一领导，建立集聚区推进办公室（设在区科委），负责集聚区日常管理和推广工作，在统一规划、整合资源建设的基础上发展起来；② DRC 工业设计创意产业基地，由西城区政府和市科委共同规划建设，目标是充分利用现有存量资源，盘活更多设计资源，吸纳更多社会资源，以此来形成具有竞争力的优势资源，打造智能化平台，从而促进工业设计创意产业发展。

该模式的主要特点在于土地开发控制权掌握在政府手中，并会采取政策调控、城市规划、关系协调等措施，营造有利于集群化的经营氛围、产业链条和生态环境。在用地功能上以强制为主，再生利用的区域多以创意产业、新兴产业为主，不进行或少量进行商品房开发。该模式优点在于统一规划、统一实施，一定程度上降低了协调与沟通成本；并且，政府直接参与决策，建设周期短，成效快。缺点是依靠单一的行政手段来管理园区会使得市场的调节作用难以发挥，管理者与企业之间缺少交流，相关的法律法规也不健全。

3）自主开发型

自主开发型模式分为原企业自发改造型与开发商自主改造型两种类型，项目所得均归自己所有。原企业自发改造是自身由于种种原因停产、衰败，导致旧工业建筑处于废弃或闲置状态，但土地使用权仍归自己所有。这类企业将旧工业建筑作为租赁或进行自发式改造的资产，以达到再生利用的目的；而开发商自主改造往往是兼顾了政策导向、土地价值及自身实力等因素，预估了项目的未来收益后作出的投资型决策。

该模式的主要优势在于企业对园区进行统一规划和管理，既操作简便、适用面广，又节省人力物力、高效组织，具有良好的市场调节作用；且涉及的利益相关主体较为单一，相较其他类型再生利用过程中利益冲突较少。而缺点是由于专业人员缺乏、资金周转困难等原因，很少考虑社会效果和文化效果，项目整体品质难以保证。

（2）特征

1）法制体系不完善

我国关于旧工业建筑再生利用项目的法律法规数量较少且存在新旧规范冲突等问题，也缺乏相关的规划设计规范可以参考，导致政府监管没有依据，开发商在进行开发建设时存在自发性和盲目性。诸如工贸、交通、环保、发改、国资及消防等部门在对建设工程项目的管理中，并没有针对旧工业建筑再生利用项目的条文描述，而现行管理模式也难以涵盖此类项目的特殊性。因此，有关部门应共同修正和完善旧工业建筑再生利用法制体系，从而保障和推动旧工业建筑再生利用项目的健康、有序发展。

2）以多方合作型模式为主

现阶段，国内旧工业建筑再生利用项目多采用政府引导的模式，即多方合作型（图 1.13）。政府通过税收优惠、降低土地出让金、贷款贴息、财政补贴、设立专项资金、加大政策宣传力度等方式鼓励开发商对项目进行再生，而开发商、原企业单位可以选择全投资及全运营、代建、纯运营支持或股份投入的方式参与改造。此种方式更有效率，资金也更有保证，因此应用比较普遍。但其涉及的参与主体较多，利益分配问题较复杂，容易引起一系列矛盾冲突。

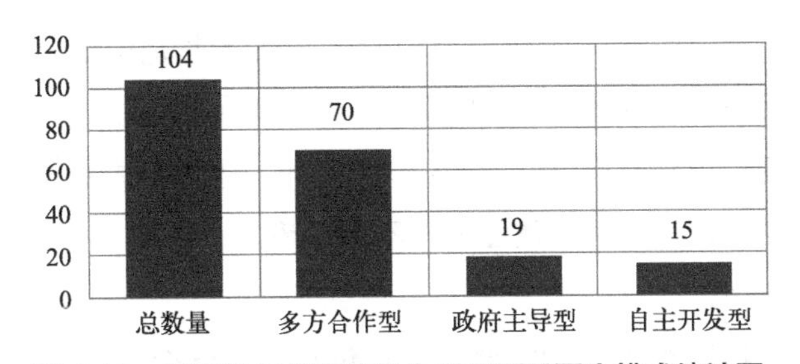

图 1.13　我国旧工业建筑再生利用项目再生模式统计图

3）利益主体间利益共享、风险共担

旧工业建筑再生利用利益机制的建立是从松散型到紧密型的逐渐过渡和融合的过程，由一般的买卖关系到建立一定的契约，再到“利益共享，风险共担”的利益共同体。例如，多方合作型模式，政府通过经济手段或政策支持引导再生利用项目之后，开发商和原企业单位在评估可获得的预期利润后通过全投资及全运营、代建、纯运营支持或股份投入等方式参与到再生利用过程中，从而逐渐具有稳定的经济联系，并建立起利益共享、风险共担的利益共同体。

1.3.3 利益机制问题与分析

（1）效益分析不全面

1）未考虑效益量化

由于开发模式、利益机制类型不同，每个局中人会从不同的策略组合中获得不同的收益。然而，在旧工业建筑再生利用项目中局中人的收益表现为经济、社会以及环境效益等多个方面，有些收益可以直接量化，而有些则不能，特别是在社会和环境效益上。若再生利用过程中不考虑这些收益影响，理论得出的结论将会与实际结果差异很大，对实践应用的指导作用很不理想。

2）未建立完整的效益评价体系

指标和指标体系是评价旧工业建筑再生利用项目的前提，缺乏科学有效的指标与有机完整的指标体系，整个过程评价就无从实现，且指标体系是否合理、完备、客观、全面以及是否便于数据采集分析，与项目评价结果的合理性及有效性有直接关系。由于区域经济发展的不平衡和地方社会认知的不均衡，旧工业建筑再生利用项目的开发参差不齐，基于可持续发展思路的再生利用项目还是受到了一定的限制，更没有统一有效的衡量标准去评价一个再生利用项目的效益。因此，效益评价体系仍需进一步完善。

（2）利益补偿不合理

1）补偿标准过低

如果按照市场价格进行评估，不管是货币补偿还是就业帮助，原企业单位获得的补偿标准都偏低。原企业单位属旧工业建筑再生利用项目中的弱势方，既没有决策权，也没有话语权。房屋拆迁、货币安置标准对低收入居民尤其是中低收入群体冲击最大：企业破产，职工失去了赖以生存的经济来源；补偿不够在城区购房，生活质量随之下降，而外迁又会生活不便，就业机会少，生活成本上升。同时，原单位主体缺乏自身利益的代表和畅通的诉求渠道，其合法利益经常得不到保障。

2）补偿程序不透明

公开透明的补偿程序既可以确保原企业单位获得科学合理的经济补偿，又可以帮助相关政府部门排除干扰，保障旧工业建筑再生利用项目的顺利进行。根据《土地管理法》和《土地管理法实施细则》的规定，我国目前的征地和补偿程序为“两公告一登记”制度，即《征用土地公告》和《征地补偿安置公告》，但两者都是事后公告，公告正式决定前，原企业单位并不能对自身权利表达合理诉求。这种程序设计的缺陷，忽视了原企业单位的参与权、知情权，导致再生过程中双方信息不对称，无法有效保障原企业单位的合法权益。

3）补偿标准不能统一执行

政府出台的相关改造文件应详细具体说明如何补偿不同性质的原企业单位，而不是所有问题“一刀切”。并且由于补偿程序的不透明，补偿标准往往不能得到严格执行，导致相同情况下原企业单位的补偿费用不同，补偿额度有较大浮动。因此，应确定公平合理的补偿标准，任何过高或过低的补偿标准都不利于旧工业建筑再生利用项目的稳定，都不能使各参与方的合法权益得到充分保障。

(3) 监管体系不完善

1）未建立再生监督系统

旧工业建筑再生利用涉及来自多方的利益，需要成立专门机构对再生过程进行协调和监督，构建旧工业建筑再生利用监督系统，以此来保障各项工作廉洁透明，科学合理地进行再生工作。此种做法既能监督开发商的再生行为，同时对原企业单位也具有约束作用，可防止改造的政策建议与安置补偿措施受到职工恶意阻挠，以充分调解各方之间的矛盾和纷争，保证项目的顺利进行。同时，政府可以聘请专门机构对项目进行效用评估，建立集中统一的监管信息平台，完善信息披露制度和通报制度，考察监督再生成果，使整个再生过程公平合理。

2）缺少有效监管

一是资金使用监管不到位，造成资金紧缺的局面及补偿标准高低不一致等问题；二是安置补偿某些环节缺少有效的监督，使补偿款不能按时按量到位；三是政府缺乏对相应行政部门及开发商的监管，社会公众缺乏对再生过程的社会监督等。不论是公职人员行使行政权力，还是有关单位从事业务工作，除法律法规约束外，还应完善资金使用监督制度、责任追究监督制度等必要的监督检查制度，防止不正当行为发生。

(4) 激励机制不到位

1）相关政策还需进一步完善

我国现行的评价体系、补贴标准、税收优惠及低息贷款等方面的政策需要进一步完善。在评价体系上，政府应建立更加科学完备有效的评价体系，对所开发的旧工业建筑进行更全面、合理的评价；在补贴标准与税收优惠上，政府应根据每个项目自身的综合评价，建立起适用于不同项目的可以充分激励开发商的补贴标准与税收优惠政策体系，且补贴与优惠额度一定要体现出旧工业建筑再生利用的社会效益；在低息贷款上，主要是为解决开发商资金压力的问题，以充分发挥自有资金的经济杠杆作用，用较少的投入攫取最大的利润。因此，应实现多种经济激励手段相结合，从而充分调动开发商的积极性。

2）经济激励措施未得到有效实施且负激励不够

虽然政府出台了一系列针对旧工业建筑再生利用的优惠政策，然而落实过程有待加强，极大地降低了开发商的积极性。同时，激励机制主要采用正向激励，负向激励不足，对于监督问责激励制度不足，降低了旧工业建筑再生利用项目开发过程的规范性。因此，有必要良好协调运用精神激励与物质激励，以更好地给予开发商动力。

（5）利益分配不公平

1）各方主体利益诉求的多元性

地方政府主要考虑的是区域整体规划与经济发展、社会稳定及环境保护的整体最优协调；工人群体更多关注自身团体的发展和生存环境的最优；而开发商主要目的在于以最低的成本获取最大的投资效益。各方为了最大化自身利益，不可避免地会产生严重的利益冲突问题。若不能有效平衡各方利益，合理满足各方利益需求，使各方能够达成利益共识，最终再生利用项目的实施也就举步维艰。

2）各方主体利益冲突的复杂性

导致再生利用过程中利益失衡问题的关键在于缺乏一个政府、开发商及原企业单位之间公开、平等的博弈机制。开发商参与旧工业建筑再生利用项目，追求其中的商业机会和经济利益，并不愿过多地承担安置补偿责任，会尽量减少再生过程中的安置补偿成本。地方政府从城市整体和长远利益出发，应使再生利用达到各方满意的效果。然而，再生过程中政府与开发商之间存在一定的利益共享，此过程中的经济链条会给开发商带来高利润，给政府带来 GDP 的持续高增长、财政收入的增加及城市整体外在形象的提升。因此，政府在介入再生利用项目时，难免会倾向于开发商而忽略原企业单位的利益。

3）利益协商渠道不畅

原企业单位相较于政府和开发商来说，地位和力量严重不对等，且协商渠道过长及协商渠道不完善，使得信息在协调途中失真或出现偏差，难以实现有效的协商。另外，谈判渠道过窄且太过于单一，使得大量信息在传递时，不能得到准确的传达，特别是现阶段由于自上而下或者自下而上的纵向协商方式，导致协商渠道过窄无法及时消化大量信息，便造成了原企业单位的协商困境。

1.4 利益机制基础理论

1.4.1 产权理论

产权理论主要是研究产权与资源配置的关系，以及产权及其安排对经济活动的影响等。产权不是指人与物之间的关系，而是指由于物的存在及关于其使用所引起的人们之间共同商定的行为关系，包括狭义的所有权、占有权、支配权及使用权。

在众多研究产权理论的学者中，诺贝尔经济学奖得主科斯被公认为是现代产权理论（科斯第二定理）的奠基者和代表者。科斯指出：没有产权的社会是一个效率低下的社会，而产权界定清晰可以很好地解决外部经济问题，从而提高社会效率。诺斯总结了产权的四点特征：①明确性，即存在对财产进行破坏和限制的完整体系；②排他性，即排除其他主体对同一资源行使相同的权力；③可转让性，即这些权利可以被指引到最有价值的用途上去；④可操作性。1958 年，科斯发表了一篇名为《联邦通信协议》的论文（The Federal Communications Commission），明确表示只要产权不明确，由外在性带来的公害不可避免，只有明确产权才能消除或降低这种外在性所带来的伤害。另外，在明确产权的基础上引入市场价格机制，就能够有效确定相互影响的程度以及相互负担的责任。

在现代市场经济中，产权制度的合理安排和供给对其发展具有十分重要的意义。科学规划、合理利用城市土地是城市化可持续发展的前提条件和保障措施。因此，政府管制的一个重要方面就在于对城市土地上的建设活动进行有效的监管，约束其在法治框架内进行。因此，旧工业建筑再生利用前首先应理顺旧工业建筑与建设用地的关系，明确土地属性问题，从而避免不必要的纷争。

1.4.2　利益相关者理论

利益相关者的概念最初由斯坦福大学研究所于 1963 年提出：利益相关者是组织不可或缺的一类群体。Freeman 在其著作《战略管理：一种利益相关者的方法》中给出明确定义："利益相关者就是能影响一个组织目标的实现，或被一个组织的目标实现过程所影响的所有个人和群体。" Rhenman 认为，利益相关者个人目标的实现依靠于企业，而企业也依赖利益相关者以维持生存。Clarkson 引进专用性投资的概念，认为利益相关者在企业中投入了实物资本、财务资本及人力资本或其他有价值的东西，会随企业的活动变化而承担某些风险。

利益相关者是组织在外部环境中受组织决策和行动影响的任何相关者，其理论的核心思想是：所有组织的发展都与各类利益相关者的参与和投入密不可分，组织追求的不仅是某一个体或部分主体的利益，而是实现所有相关者的整体利益。利益相关者之间相互合作、影响及制约的结果决定了组织实现最终目标的程度。

利益相关者理论的重点是寻求在组织经营管理过程中各个利益相关者的利益平衡，以及组织目标的实现程度，可广泛应用在政策管理、医疗管理、环境管理及项目管理等多个领域。利益相关者对项目成功或提高项目绩效非常重要，主要是由于项目需要利益相关者金融或非金融的贡献、利益相关者的潜在抵制可能造成影响项目成功的多种风险、利益相关者使用不同战略均会不同程度的影响项目产出。项目在制定政策机制的过程中，应广泛接受利益相关者的制约和监督，保证其平等参与权。

从利益相关者的角度来研究旧工业建筑再生利用利益机制，可以通过以下四个步骤进行：①界定利益相关者。应结合实际梳理出旧工业建筑再生利用过程中所涉及的利益相关者，进而研究其中的利益关系；②明确利益相关者的利益诉求。每个利益相关者均有不同的需求，须明确其中共同的利益诉求点及利益矛盾冲突点；③厘清各利益相关者的关系。分析并厘清利益相关者之间的关系是有效管理利益相关者的先决条件，从而进一步协调其中的矛盾；④满足利益相关者的利益诉求。满足各相关主体的利益诉求是利益相关者理论的核心和最终目标，尤其是要满足在组织起决定性作用的利益相关者的诉求。

1.4.3 委托代理理论

在20世纪30年代，美国经济学家伯利和米恩斯由于了解企业所有者兼具经营者的做法具有极大弊端，于是提出“委托代理理论”，提倡所有权和经营权分离，让企业所有者保留剩余索取权，而将经营权利让渡。20世纪60年代末70年代初，通过威尔逊、罗斯、莫里斯、哈特等一批经济学家对企业内部信息不对称和激励等问题的研究，委托代理理论由此发展起来。委托代理理论的目标是研究委托人如何设计合同以激励代理人，在委托人与代理人之间利益冲突和信息不对称的情况中获得最佳结果。

委托代理理论是制度经济学契约理论的主要内容之一，主要用于研究委托代理关系，即一个或多个行为主体根据一种明示或暗示的契约，指定或雇佣其他行为主体为其服务，同时给予后者一定的决策权，相应的报酬按照后者提供服务的数量和质量进行支付。其中，授权者就是委托人，被授权者就是代理人。

在旧工业建筑再生利用项目中，委托人即政府，代理人即开发商，政府的代理成本会随着信息不对称水平的加剧而增加，示意如图1.14所示。为了提高政府、开发商及原企业单位之间委托代理关系的效率，降低代理成本，须建立利益机制，而代理人的业绩正是利益机制效果的评判标准，通过风险分担和利益分配来促使代理人的行为朝预期目标前进，以促进旧工业建筑再生利用项目的展开。

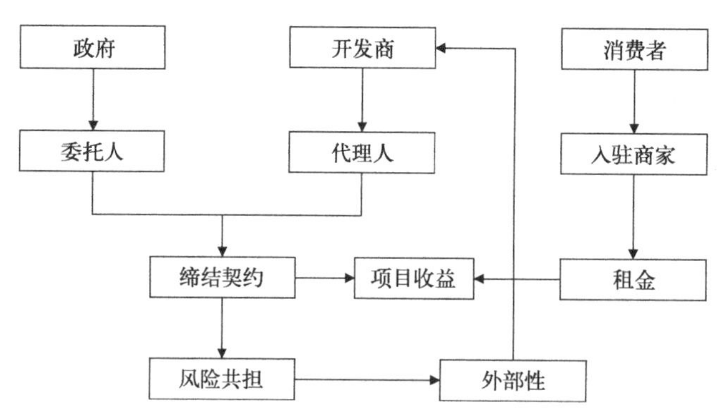

图1.14 旧工业建筑再生利用项目中委托代理理论示意图

1.4.4 外部性理论

20世纪初，马歇尔在进行经济学研究过程中，提出了外部性理论的概念，之后他的学生庇古对其进行完善和补充，直到20世纪80年代末，鲍莫尔和奥茨首次对外部性理论的内涵进行了全面总结。外部性是指一个经济主体在自己的活动中对旁观者产生了一种有利或不利影响，这种有利影响带来的利益或不利影响带来的损失都不是由经济主体本身所获得或承担，而是一种经济力量对另一种经济力量非市场性的附带影响。

由此可知，外部性可分为正外部性和负外部性两种类型。正外部性又称外部经济，意味着某个产品的生产行为对外界产生的是正面影响，可让他人收益，使其他经济实体在不承担相应成本的同时能享受到额外的经济收益；负外部性又称外部不经济，意味着某一经济实体的行为对其他经济实体造成的负面影响，导致其他经济实体承担一定的成本而造成其额外的经济损失。在市场调控下，正外部性会导致最优产量偏低，负外部性会导致最优产量偏高，两者都会导致市场资源配置无法达到最优，进而存在帕累托改进的必要。

由于建筑产业所具有的能耗高、污染大等特点，已经对社会环境等方面造成了巨大的破坏，对旧工业建筑进行大规模的拆迁和建设无疑具有明显的负外部性。而旧工业建筑再生利用在土地集约、环境治理、能源消耗、节能减排等方面均做出了积极贡献，显示出对社会环境有益的正外部性特征。但是这些有利影响由整个社会共享，环境质量提升产生的收益部分分散给社会其他成员，导致开发商与购买者丧失部分社会福利。然而，政府可通过建立有效的制度、政策等行为对生产者进行补偿，即出现外部经济效应时，向开发商征税；存在外部不经济效应时，开发商将获得补贴。这种外部效应内部化问题可以借助政府的经济调控职能予以解决，也为政府建立合理的补偿机制提供了一定的思路。

1.4.5　激励理论

激励理论，又称契约理论，是指通过外部或内部因素将激励对象的行为推向激励主体期望的方向的过程，激励目的主要是要激发人们的正确行为动机，调动其积极性和创造性，以充分发挥人的主观能动性，从而实现效益最大化。根据其分析切入点的不同，可大致分为以下四种类型，如表 1.8 所示。

激励理论类型　表 1.8

序号	激励理论类型	侧重点	代表理论
1	内容激励理论	针对激励的原因与起激励作用的因素的具体内容进行研究	需要层次论、双因素论、成就需要理论
2	过程激励理论	从动机的产生到采取行动的心理过程	期望理论、公平理论
3	行为后果理论	如何对行为进行后续激励	强化理论、归因理论
4	综合激励理论	综合前三种，更全面完善	需要理论、期望理论

在旧工业建筑再生利用项目中，政府为激励主体，开发商为激励客体，为了实现合作共赢、互惠互利的利益最大化目标，政府应根据开发商的需求制定合理的激励措施，以实现双方利益的平衡。首先，政府应明确激励机制设计的直接目标是为了调动各方的积极性，使项目整体利益最大化；其次，如何分配收益应作为激励机制设计的核心，以建立公平合理的收益分配方案；再者，合理的激励机制使得项目各参与方的合作更具有

效率，应在考虑激励成本和实现程度的基础上选择一个最优方案；最后，充分的信息交换可以减少项目建设期间需求信息的波动，从而使各参与方能够更好地实施计划。

1.4.6 经典博弈论

博弈论又称为对策论，主要用于研究核心利益相关者的行为发生直接相互作用时的决策以及这种决策的均衡问题，或者说是关于竞争者如何根据环境和竞争对手的变化来采取最优策略和行为的理论。

根据不同的划分方法有多种分类标准：①根据决策主体的数量，可分为双人博弈与多人博弈；②根据决策主体的博弈结果，可分为零和博弈、常和博弈及变和博弈；③根据决策主体的合作意愿，可分为非合作博弈与合作博弈，也是目前博弈论中最常见的分类。前者追求个体理性和个体最优决策；后者则追求团队理性，强调效率、公正和公平，需要决策主体达成具有互相约束力的协议，一旦该协议对任何一方没有强制力，且不能约束决策主体单纯追求个体效益最大化，合作博弈将不复存在。近期的许多研究成果表明，合作博弈越来越多地被应用于组织理论的研究，特别是在罗伯特·约翰·奥曼（Robert John Aumann）和托马斯·谢林（Thomas C. Schelling）2005 年获诺贝尔经济奖后。合作博弈的回归为合作与冲突的分析提供了更有利的工具，促使组织问题的外延不断扩大，从最初的企业互动和策略选择扩展到了合作团体甚至不同地域企业之间的战略互动。

博弈论在非合作博弈上应包括七个要素：决策主体、行动、决策主体在博弈中的信息、决策主体所选的行动规则、决策主体的支付函数、博弈的结果以及博弈的均衡。在这七个要素中，按照决策主体的行动和决策主体在博弈中的信息，又可以将非合作博弈划分成四种不同类型的博弈。当决策主体的行动同时进行或一方行动时不知道其他决策主体采取了什么行动时，则被认为是静态；当决策主体的行动有先后顺序，并且后手的决策主体可以知道前手的决策主体采取过什么行动时，则被认为动态。若每一个决策主体均对其他决策主体的信息、行动规则、支付函数有所了解，则属于完全信息；若任意一个决策主体对其他决策主体一无所知，则属于不完全信息。由此也对应了四个均衡概念，见图 1.15。

目前，博弈论在解决我国城中村改造矛盾中的应用研究已取得了一些进展，研究成果尚不能系统完整地解决当前面临的问题。然而，对城中村改造博弈的深入研究可为其他类型改造项目的研究提供一定的参考。从博弈论的角度研究旧工业建筑再生利用利益机制，一方面，可从本质上找出项目参与各方的利益平衡点和最优点，有效解决各方的利益冲突，最大化满足各方利益，从而保证项目的顺利实施；另一方面，在各种类型改造项目理论研究匮乏的情况下，对完善旧工业建筑再生利用理论体系和各类型改造项目决策理论内容的补充具有重要的意义。

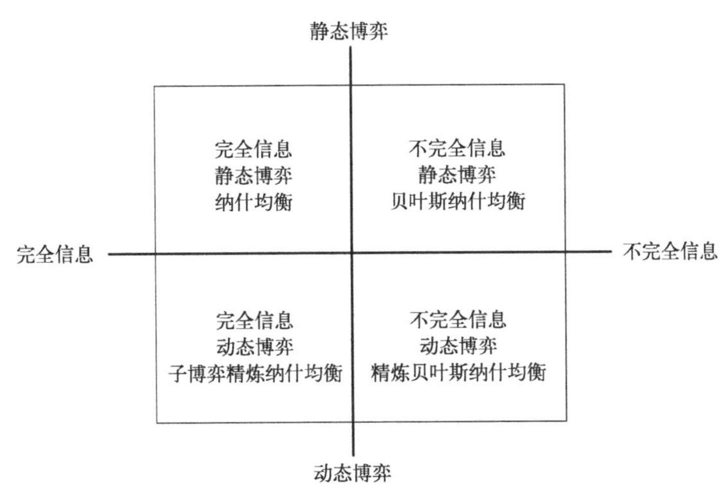

图 1.15　非合作博弈划分类型

1.4.7　演化博弈理论

经典博弈理论假设的是参与人“完全理性”，然而，由于受到历史背景和社会环境等因素的影响和限制，在现实中难以满足完全理性的假设。演化博弈论基于经典博弈理论和生物进化论，从个体具有有限理性的事实出发，强调群体行为的动态演化过程。认为参与人在博弈中的决策行为往往不会一次就达到完全理性时的决策均衡，而是需要通过不断学习、模仿及多次变化、调整、收敛来实现最终的均衡。

演化博弈理论中的两个核心概念就是演化稳定策略和复制动态方程。演化稳定策略是在运用演化博弈分析时达到均衡时的策略选择，是群体通过多次选择演化到的一种稳定均衡状态；而复制动态方程则用来研究群体中的个体实现均衡状态的路径，可以表示为 $\frac{dx_i}{dt}=x_i[u(s_i, x)-u(x, x)]$，$i=1, 2, \ldots, n$，其中，$u(s_i, x)$ 表示某群体选择 s_i 策略的时得到的收益；x_i 表示选择策略 s_i 的个体在群体中所占的比例；$u(x, x)$ 表示群体的平均期望支付。该式表明，若选择策略 s_i 的个体所得的期望支付大于群体的平均期望支付，则选择策略 s_i 的个体数的增长率会大于零，反之则会小于零。

演化博弈理论的特点决定了此方法适用于旧工业建筑再生利用激励机制研究：第一，以研究对象为群体，群体内部间会发生模仿行为。再生利用项目中利益相关者之间的行为发生都是群体行为，且群体之间会相互模仿。例如在政府激励下，若先有一部分开发商对旧工业建筑进行再生利用且获得了预期收益，则其他也会模仿这种能够带来收益的行为，从而扩大再生利用项目的规模；第二，人的不完全理性。现实中，政府和开发商在决策时，面临的市场情况较复杂且自身的知识经验有限，不能完全获取对方的信息，也无法具备无限处理问题的能力；第三，整个系统达到稳定前，会有一个不断变化调整的过程。政府在激励再生利用时，初始阶段也无法完全掌握自身的激励强度，需要根据开发商行为的反馈来对激励强度适时调整，最终达到满足各方需求的稳定状态。

第2章　旧工业建筑再生利用效益评价与量化

由于对旧工业建筑所蕴含的综合效益的忽视，早期多采用拆除重建的传统方式处理旧工业建筑，造成资源浪费，而再生利用是践行“城市修补、生态修复”发展之路的有效途径。因此，本章从对旧工业建筑再生利用在经济、社会及环境等方面的效益分析出发，深入剖析旧工业建筑再生利用的价值。

2.1　旧工业建筑再生利用效益分析

2.1.1　经济效益分析

旧工业建筑再生利用项目经济效益是指在项目建设及后期的运营过程中，以较少或等量的劳动耗费来获取尽可能多的经营成果，通常用建筑物生命周期内产生的收益与费用之间的比率来衡量。其中，收益不仅包括建筑项目自身的功能价值，还包括其在减少能源消耗、降低碳排放、节约资源成本等方面做出的贡献；费用是指在旧工业建筑再生利用项目的整个生命周期内所需投入的全部生产资料。旧工业建筑通过功能置换，不仅可以发挥自身剩余的经济价值，同时也能促进其所在区域的经济发展。

（1）提升项目自身经济效益

相对来说，旧工业建筑具有比较完善的基础设施和坚固的主体结构，只需对其进行结构加固以及功能再生，就能继续发挥使用功能，相比拆除重建可节省大量的建设成本。此外，通过旧工业建筑再生利用，相比新建同类型、同规模的建筑，能够大幅缩短建设周期，使项目提早投入使用。项目建成后，可通过物业租赁、活动策划及旅游观光等方式获得收益，取得经营性成果。

（2）促进区域经济发展

旧工业建筑再生利用不仅可以使其商业价值得以实现，还能很大程度上促进区域经济发展，主要反映在以下两个方面：一是促进周边土地升值，伴随着项目知名度的不断提升，能够增强该区位的经济辐射力，带来周边开发的高水平和高收益；二是带动第三产业发展，项目的不断发展会影响该区域的产业结构，使其由原来单一的工业主体结构向多元化产业结构转变，增强区域竞争力。

2.1.2 社会效益分析

旧工业建筑再生利用项目社会效益是指项目在社会经济发展、基础设施完善及周边环境改善等方面产生的效益，其内容主要包括项目对区域形象、产业结构、社会稳定及文化传承四个方面作出的贡献。

（1）提升区域形象

通过对旧工业建筑再生利用，使原本闲置的厂房及周边区域重新焕发活力，转变为适宜人类活动的场所，满足居民对日常生活、居住、娱乐等方面的需求，提高其生活舒适度和满意度，有利于增进社会公共服务能力，提升基础设施建设水平，从而与周边环境相协调，有助于打造区域品牌，进一步提高城市辨识度。

（2）优化产业结构

旧工业建筑再生利用项目是以低消耗、低排放、低污染、高效率、高产出为主要特征，有利于现代化产业体系的构建，促进城市功能由第二产业向第三产业转变。通过产业结构调整及不断改善，能够促使优化资源配置，促进土地增值，带动相关的产业转型升级，从而达到促进区域社会经济发展的目的。

（3）维护社会稳定

原工业企业由于停工停产、破产等原因，产生大量的下岗职工，若无法妥善安置会激化矛盾，影响社会安定。而旧工业建筑再生利用能够消除旧工业建筑所在区域污染及脏、乱、差形象，稳定居民心理、提高居民生活水平，且项目建设可为待业员工提供再就业的机会，缓解就业压力，从而保持社会和谐稳定发展。

（4）传承工业文化

旧工业建筑记录着工业生产的痕迹，见证了工业文明及历史的发展历程，反映了工业时代的经济、技术、工业等方面的状况，使当时城市实体环境得以真实再现。旧工业建筑也凝结着特定历史时期的建筑文化、人文情怀，其特定的形象使生活在城市中特定人群的心理归属感以及自豪感得到满足。同时，通过对旧工业建筑立面、空间、建筑体量的改造，引入新材料、新色彩等活跃元素，使得旧工业建筑再生后兼具现代审美需求与体现时代特色的艺术气息，为人们审视城市环境提供了一个新的视角，彰显了城市形象。

2.1.3 环境效益分析

旧工业建筑再生利用项目环境效益是指通过对旧工业建筑进行科学设计、合理布局安排后，在提供舒适环境的基础上，由于降低建筑能耗、减少污染物排放而产生的效益。旧工业建筑再生利用是对绿色建筑发展目标的具体实践，其具有的环境效益主要体现在以下几个方面：

（1）能源资源节约

旧工业建筑建设年代久远，设计初期建筑节能意识淡薄，造成旧工业建筑在使用过程中能源资源消耗量巨大，能量消耗占整个建筑寿命周期的绝大多数。相比于新建建筑，旧工业建筑再生利用的节能可从建筑所蕴含的能源、城市基础设施费用及拆卸所需耗费的能源三方面来评价：①建筑蕴含能源指在建筑产品和建筑构件的生产、运输、组建过程中消耗的能源；②城市基础设施费包括水、电、气等的管道铺设、交通、卫生、防灾等方面产生的消耗，与建筑蕴含能源一样，在建筑物的新建过程中会被重新耗费；③拆卸耗费能源包括拆除旧工业建筑、运输产生的建筑垃圾、处理建筑垃圾及拆卸过程的人力资源等。旧工业建筑再生利用可避免能源资源的重复消耗和浪费，符合国家建设资源节约型社会的要求。

（2）既有资源再利用

可持续发展是新世纪以来城市发展的重大课题。再评价（Revalue）、可更新（Renew）、可再用（Reuse）、可循环（Recycle）、减少能耗和污染（Reduce）是《北京宪章》提出的生态建筑的发展目标。建筑物在建设、运营、维护和拆除过程中不仅占用了资源，同时产生了大量的建筑垃圾，污染了环境。然而，旧工业建筑废弃或闲置后，原建（构）筑物、设备设施、管线道路、植被水体及旧工业园区遗存景观等既有资源均可以被二次利用，从而延长建筑物的寿命周期，减少建筑垃圾的产生及对环境的污染，与现时倡导的绿色、生态、环保、低碳等发展理念相契合。

（3）室内环境提升

为使建筑内部环境舒适度提高，在旧工业建筑再生利用空间设计上，遵循传承工业特性、安全环保、绿色协调、节能经济、特色鲜明的设计原则，对原建筑空间重新组织，灵活采用空间分割、空间整合、空间外扩、空间缩减、空间替换、空间连接、空间过渡等方式，使空间布局合理、功能完备、通行流畅，达到新功能的使用要求。并根据不同使用功能需求设计体量匹配的空间，合理解决室内空间的衔接、过渡、流通、封闭等关系，使再生利用后的新空间满足不同人群精神与使用功能的双重需求。

2.2 旧工业建筑再生利用综合效益评价

2.2.1 效益评价基础

旧工业建筑再生利用项目效益评价是项目开发的重要前提。通过效益评价，能够明确项目开发的必要性与合理性，为项目开发决策提供重要的参考依据，并为参与各方利益协调、分配决策等提供分析的基础信息。

（1）评价原则

为保证旧工业建筑再生利用项目效益评价活动的顺利进行及评价结果的科学性，在项目效益评价过程中应遵循以下原则：

1）科学原则

科学原则是指旧工业建筑再生利用效益评价中用到的方法、标准、程序以及评价结果都应经过科学的筛选或论证，同时还要保证评价过程和结果的可重复性。可重复性，就是按照相同的评价过程及评价方法，使得出相同评价结果的概率在一定合理的区间内。

2）导向合理原则

旧工业建筑再生利用效益评价对于指导实际再生利用项目具有很强的导向性，因此在进行旧工业建筑再生利用效益评价时必须明确评价目标，并紧密围绕评价目标开展，形成科学合理的评价导向。

3）系统与全面原则

对旧工业建筑再生利用进行评价时，结合系统原则，从整体的角度出发，实现对评价对象全面综合的评价。所谓系统原则，就是在旧工业建筑再生利用效益评价中，从系统的整体性、有机联系性、动态性和有序性等特点出发，按照全面、联系、发展的观点进行评价，使评价更准确、更概括、更深化。

(2）旧工业建筑再生利用效益评价流程

从实际操作程序的角度分析，旧工业建筑再生利用效益评价过程中，包括系统分析评价对象、选取基本评价指标、筛选优化评价指标、建立评价指标体系、评价结果分析等过程。

1）系统分析评价对象

分析论证旧工业建筑再生利用项目的开展对经济效益、社会效益、环境效益方面的影响，其效益评价应是紧密围绕整个项目展开。作为前提条件，评价指标体系的建立必须对评价的对象——旧工业建筑再生利用项目进行深入的系统分析，确定评价项目特点、关键问题、影响范围以及项目目标等要素。

2）选择基本评价指标

旧工业建筑再生利用效益评价需要用指标来实现评价的目标，度量需要评价的效益问题。在对项目综合分析的基础上，按照其内在的逻辑关系，细化、分解项目目标，结合旧工业建筑再生利用项目的影响因素初步确定项目的评价指标。在评价指标的选取时应遵循指标选取原则，选择能体现突出重点、兼顾全面、系统、科学、合理、实用、可行的指标。

3）筛选优化评价指标

进一步分析以上已经确定的旧工业建筑再生利用效益评价指标，结合现有信息和多方面征询专家意见修改不合理的指标，补充需要新增的指标，剔除多余的指标。

4）建立评价指标体系

根据已经确定并优化设计的评价指标，遵循全面性和系统性原则、相关性和独立性原则等建立相关中不乏独立、独立中体现层次的评价指标体系。

5）评价结果分析

一般来讲，旧工业建筑再生利用项目效益评价是评价主体依据一定的评价目的、评价标准对项目进行认识的过程。涉及评价的主体、客体、目的、标准、方法及环境，应保证与评价指标有机结合。

评价主体作为评价的核心构成，不仅要结合现有的、具有可操作性的评价方法和技术，还要考虑旧工业建筑再生利用效益评价的环境；评价客体是评价的对象，应该具备需要评价的价值；评价标准是判断评价客体价值高低和水平优劣的参考系，虽然会受到主体的影响，但具有一定的客观性。因此，在评价系统中，必须保持高度的客观性，确保评价方法的科学性，并保证评价结果的有效性。

2.2.2 评价指标体系建立

为全面、系统、真实反映旧工业建筑再生利用项目的建设成果及影响，做出最科学的客观评价，需要建立一套科学、适用、有效的效益评价指标体系。评价指标体系的构建应根据项目的目标、评价指标体系建立的原则，并结合项目本身的具体情况进行综合分析确定。评价指标体系的建立是完成评价工作的首要任务，同时也是影响效益评价质量的关键环节。

(1) 评价指标体系构建流程

在旧工业建筑再生利用效益评价指标选择的过程中，需要综合考虑经济、社会、环境因素方面的因素对效益评价的影响，深入分析各方面因素对旧工业建筑再生利用效益的影响程度。同时，对项目所在区域自然条件、社会状况以及土地利用现状进行分析，对能够直接反映或间接反映旧工业建筑再生利用社会、环境效益状况的指标进行罗列，最后根据实际情况和数据可获取性的角度选择评价指标。具体流程如图 2.1 所示。

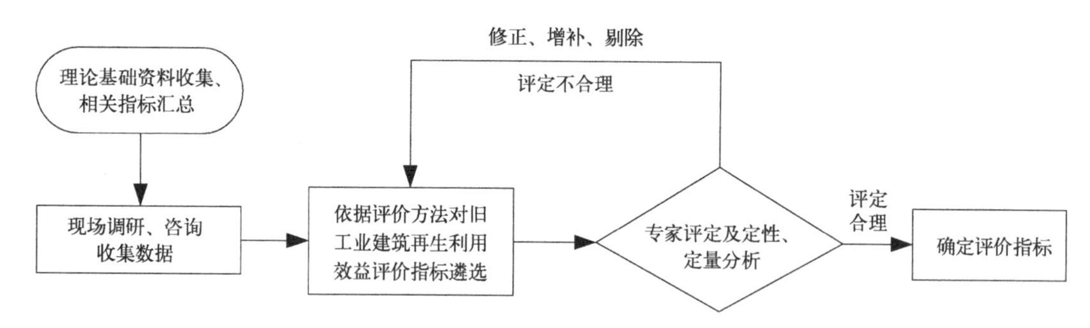

图 2.1 旧工业建筑再生利用效益评价指标构建流程图

(2) 评价指标体系建立

1) 经济效益指标

对于投资方而言，最看重的就是旧工业建筑再生利用项目能够带来多少经济效益，经济效益的高低直接影响其投资决策。衡量项目经济效益一般是通过项目所具有的经济潜力分析实现。旧工业建筑再生利用项目经济效益评价指标应针对具体的项目具体确定。通过调研了解旧工业建筑再生利用项目所产生的直接和间接经济效益，结合财务、统计指标及实际情况来确定，使之能够真实反映项目所创造的经济效益。旧工业建筑再生利用项目经济效益评价指标如表 2.1 所示。

旧工业建筑再生利用项目经济效益评价指标释义　　表 2.1

一级指标	序号	二级指标	二级指标释义
经济指标 U_1	1	区位及市场条件 U_{11}	区域位置优势越明显的旧工业建筑，以及周边城市功能和人员条件优势越突出的旧工业建筑，具备的开发潜力越大
	2	交通便利度 U_{12}	旧工业建筑所处区域的交通可达性、可选择的交通方式种类以及基地周边停车等状况可以为再生利用奠定区位条件
	3	经济发展前景 U_{13}	旧工业建筑所属地区经济越发达，人民消费水平越高，其再生利用潜力越大
	4	节约成本 U_{14}	将改造项目建设过程中的总成本作为主要参考依据
	5	未来收益 U_{15}	再生利用后的功能具备商业性质，同时又具有多元化特色，以此创造收益

2）社会效益指标

旧工业建筑再生利用项目社会效益评价着重分析项目建设运营后给社会环境和社会进步所带来的有利影响。旧工业建筑再生利用项目主要包括项目对区域经济发展的影响能力，为当地提供就业机会的能力，与当地社会民俗环境的协调统一程度，建设及运营过程中对周边居民的干扰程度以及对区域文化水平和文明程度的提升能力等，社会效益指标如表 2.2 所示。

旧工业建筑再生利用项目社会效益评价指标释义　　表 2.2

一级指标	序号	二级指标	二级指标释义
社会指标 U_2	1	对区域经济发展的影响 U_{21}	对项目周边区域居民的收入情况及生活水平改善的显著程度
	2	改善公共卫生环境的能力 U_{22}	项目对改善周边生活环境（如绿化、排污方式等）所采取的措施及后期操作制度的有效性及合理程度
	3	与周围环境的协调性 U_{23}	考虑项目运营后与周围社会环境的协调匹配程度
	4	提供就业机会的能力 U_{24}	实际提供的就业岗位量与同行业提供就业机会平均水平的比值作为主要参考值
	5	区域其他活动提供配套设施的能力 U_{25}	评价运营后对周围居民及其他经济活动提供的便利设施及制定的操作制度的合理及有效程度
	6	对周边居民的干扰程度 U_{26}	对项目运营后可能的对周边居民的干扰所采取的措施的有效性及合理性
	7	对区域形象的提升能力 U_{27}	考虑项目运营对区域面貌影响的评价
	8	对社会安定的影响 U_{28}	安置原产权主体下岗职工，消除潜在的不稳定因素
	9	对大众心理响应程度 U_{29}	保留的旧工业建筑对社会高压人群的心理慰藉效益
	10	对自然、历史、文化遗产的保护程度 U_{210}	评价后期使用维护中对旧工业建筑产生的自然、历史、文化等遗产所采取的措施的合理及有效程度
	11	历史价值 U_{211}	考虑旧工业建筑具有的造型特色及社会归属感，传承工业文化

3）环境效益指标

“绿色生态”“低碳生活”理念不断推广，创建环保节约型社会得到了整个社会的普遍认可。随着《绿色建筑评价标准》GB/T 50378—2019的颁布，工程项目开始进入到绿色建设时代。在《绿色建筑评价标准》中，已提出大量可供旧工业建筑再生利用工程项目评价参考的指标。通过对这些指标进行总结概括，主要有对可再生能源的利用程度以及节能措施对总能耗的降低程度、对可再利用或可循环材料使用量、对土地资源合理利用程度、节约及水资源循环利用的能力、室内环境质量水平，对各种污染源的防治能力和绿色建筑运营管理表现等，环境效益指标如表2.3所示。

旧工业建筑再生利用项目环境效益评价指标释义　　表2.3

一级指标	序号	二级指标	二级指标释义
环境指标 U_3	1	与区域地理环境的结合程度 U_{31}	依据因地制宜原则，评价对良好地理环境的利用及协调程度
	2	对可再生能源的利用程度 U_{32}	运营后可再生能源的利用占总建筑能源消耗的比例
	3	对可再利用或可循环材料使用量 U_{33}	在满足使用功能及不污染环境的前提下，旧工业建筑再生利用对循环材料的选用占建筑材料总量的比例
	4	节能措施对总能耗的降低程度 U_{34}	项目采取的节能措施对建筑总能耗降低的影响程度
	5	对土地资源合理利用程度 U_{35}	在评价过程中，将容积率、建筑密度、绿化率等作为主要参考数据，对土地资源利用的合理程度进行的综合评价
	6	节约及水资源循环利用的能力 U_{36}	对再生利用过程中及运营后采用的节水设施及水资源优化设施的有效程度做出的评价
	7	室内环境质量水平 U_{37}	对室内环境质量各子项进行测定后，通过其质量达标程度做出综合性评价
	8	对废弃物的分类处理能力 U_{38}	对使用中的各种废弃物等分类处理方式的合理性和有效性的评价
	9	空气污染程度 U_{39}	再生利用过程中产生的污染性气体对大气的污染程度
	10	噪声污染程度 U_{310}	产生的噪声对项目周边区域的污染程度，以国家标准《声环境质量标准》GB 3096—2008的相关规定作为主要参考依据进行环境评价
	11	特殊污染源污染处理程度 U_{311}	对使用中产生的光污染、电磁辐射等污染采取的防治措施的合理及有效性进行的评价

对旧工业建筑再生利用项目进行效益评价是一项系统工程，要全面准确地评价旧工业建筑再生利用项目对经济、社会、环境产生的影响。考虑到旧工业建筑再生利用效益评价的复杂性及特殊性，因此在实际操作过程中可根据实际项目对指标进行补充、删除、调整，使评价指标体系全面、科学、合理。

2.2.3　评价方法选取

在评价的方法中，主要可分为定性和定量评价两个类别。定性评价主要是根据评价者自身经历和经验，结合现有文献资料，综合考察评价对象的表现、现实和状态，直接对其做出定性结论的评价判断；定量评价主要是采用某种数学方法，通过资料的收集和处理，以数学运算分析对评价对象做出的评价判断。无论哪种方法在评价应用的过程中都存在一定的主观性，评价结果难免存在某些偏差或遗漏。每种评价方法都具有其自身的特点和适用范围，在应用中需要根据工程的特点以及研究现状等因素对评估方法进行对比选择。表 2.4 是对当前工程建设研究中比较常用的评价方法的简要介绍。

现有评价方法的优劣分析　　表 2.4

序号	评价方法	优点	缺点
1	层次分析法	将定性分析与定量分析结合，体现人的判断、比较能力，利用数学方法确定各因素相对重要性，据此选择方案	人的主观判断、权威程度对结果影响极大，当结果与实际情况存在较大偏差时，就无法准确衡量各指标的重要程度
2	人工神经网络法	具有自适应能力和可容错性，能够处理非线性、非局域性的大型复杂系统	需要搜集大量基础数据，在解决实际问题的综合评价中很难实现，且精度不高
3	灰色关联分析法	依据因素变化曲线的相似程度来确定因素之间的关联程度	主观性太强，同时需对各指标的最优值进行确定，且一些指标最优值难确定
4	TOPSIS 法	通过对原始数据规范化处理，避免不同指标量纲的影响，且能对原始数据充分利用，反映各方案之间的差距、客观真实地反映实际情况	结果有一定主观性，在应用中由于新增加方案而容易产生逆序问题等，需要对其进行更加具体深入的分析研究
5	可拓优度评价法	定性分析与定量分析相结合，适用范围广泛	指标体系权重的变化对评价结果影响较为明显

在旧工业建筑再生利用过程中，由于项目所处的位置、地理环境不同，导致项目实施的不确定因素复杂繁多，又由于历史原因，大量关于旧工业建筑的原始资料缺失，使大多数评价指标难以定量分析。结合前期的资料收集和调研情况，以及考虑到研究建立的利益分配模型系统特征和已建立的旧工业建筑再生利用项目效益评价指标体系，综合考虑选用可拓优度评价方法对旧工业建筑再生利用项目效益进行评价。

若单纯应用专家评分法、德尔菲法、层次分析法和模糊综合评价法进行再生利用项目效益评价，对参与评价的专家的知识水平要求很高，评价的主观因素较强，如果处理不好，往往研究结论会和实际结果相差很大。若应用人工神经网络对再生利用项目进行效益评价研究，可以很好地实现输入样本和输出结果之间的非线性关系的函数逼近，找出项目实施效果变化规律，另外，可实现对各指标权重的动态自动调整，避免了一般方法权重确定过程中的主观因素。由于相关研究成果有限，目前尚没有大量可供参考的输入 / 输出样本数据（已有的评价结果），所以应用人工神经网络实现再生利用项目的效益评价，条件尚不满足。应用 TOPSIS 法在目前调研采集的指标数据下能够实现对再生利用项目的实施效果优劣程度做出评价，然而后续的利益分配分析要求进一步分析再生利用项目的可利用性，TOPSIS 评价法无法满足这一条件。

应用可拓优度评价法可实现在采集的指标数据下对再生利用项目的效益进行评价。通过以上分析，选用可拓优度评价法对旧工业建筑再生利用项目进行效益评价是合理、有效、可行且切合实际的。不过，应用可拓优度法进行效果评价时，需要通过其他手段对评价的各级指标权重逐一确定。由于指标体系权重的变化对评价结果影响很大，所以在选择指标权重设定方法时要科学合理，防止由于权重设定不当，造成输出结果的不理想。

2.2.4 评价模型构建

（1）基本概念

1）衡量指标

可拓优度评价是一种对一个评价客体优劣进行评价的方法，首先应该确定衡量的指标。优劣是相对于一定标准而言的，一个对象关于某些指标是有利的，而对于某些指标是不利的。对一个对象优劣的评价需要反映出对象的利弊程度，以及变化幅度的大小。因此，应该根据实际情况，确定出符合经济、社会、环境要求评价标准的测量指标 $SI=\{SI_1, SI_2, \cdots, SI_n\}$，其中 $SI_i=(c_i, V_i)$ 是特征元，c_i 是评价特征，V_i 是矢量化的量值域（$i=1, 2, \cdots, n$）。如果对于多级衡量指标，$SI=\{SI_1, SI_2, \cdots, SI_n\}$ 为一级衡量指标；$SI=\{SI_{i1}, SI_{i2}, \cdots, SI_{in}\}$（$i=1, 2, \cdots, n$）二级衡量指标，以此类推。

2）关联度

对某一个评价客体 Z，若关于衡量优劣的指标 SI，符合规定的量值范围 X_0，量值允许的取值范围为 X，量域为 V，建立关联函数 $K(z)$ 表示对象 Z 符合要求的程度，称为 Z 关于衡量指标 SI 的关联度。

3）规范关联度

设 Z 关于 SI 的关联度 $K(z)$，则 $\dfrac{K(z)}{\max\limits_{x\in V}|K(x)|}$ 列称为 Z 关于衡量指标 SI 的规范关联度。

4）优度

对于某一评价客体 Z，若衡量指标集为 $SI=\{SI_1, SI_2, \cdots, SI_n\}$，$Z$ 关于 SI 的规范关联度为 $k_i(i=1, 2, \cdots, n)$，SI_i 的权系数为 α_i（α_i 表示衡量指标 SI_i 的相对重要度）（$i=1, 2, \cdots, n$），且。则 $0\leqslant\alpha_i\leqslant1$。对于不同的实际情况可以确定不同的优度评定标准形式，同时设定优度评定标准。

一般情况下要求所有衡量指标的综合关联度大于 0，就认为对象 Z 符合要求，则优度定义为 $C(Z)=\sum\limits_{i=1}^{n}\alpha_i k_i$。

（2）评价指标量值域确定

1）经济指标 U_1

①区位及市场条件、交通便利度、经济发展前景这三个衡量指标都是描述程度，是一种模糊的衡量指标，量值域为 [0, 1]，当评价值为 1 时与该量值域的关联度最大。

②节约成本，直接确定量值域较为困难，根据可拓变换的原理，可以将其转换成为单平方米的节约成本，其量值域就可以表示成 $[a_{14}, b_{14}]$。这里需要说明此量值域的设定要根据项目实际情况，并结合所在区域的经济状况以及新建项目成本组成与大小，作为设定依据，由于地区差异原因，设置当评价值为 $\frac{a_{14}+b_{14}}{2}$ 时关联度最大。

③未来收益的量值域设定也应根据项目的实际情况确定，设定相应量值域的合理区间 $[a_{15}, b_{15}]$，且当评价值为 a_{15} 时关联度最大。

2）社会指标 U_2

①对区域经济发展的影响、改善公共卫生环境的能力、与周围环境的协调性、提供就业机会的能力、区域其他活动提供配套设施的能力、对区域形象的提升能力、对大众心理响应程度、对社会安定的影响，对自然、历史、文化遗产的保护程度、历史价值都属于是模糊的指标，量值域定为 [0, 1]，且当评价值为 1 时与该量值域的关联度最大。

②对周边居民的干扰程度，该衡量指标也应该是模糊指标，量值域定为 [0, 1]，由于干扰程度越小越好，因此衡量指标评价值为 0 时与该量值域的关联度最大。

3）环境指标 U_3

①与区域地理环境的结合程度、室内环境质量水平、对废弃物的分类处理能力、节水及优化水资源的能力、节能措施对总能耗的降低程度、特殊污染源污染处理程度，根据该衡量指标的含义其量值域设为 [0, 1]，其评价值需要模糊综合评定给出，当为 1 时关联度最大。

②对可再生能源的利用程度、可再利用或可循环材料的使用程度，参考《绿色建筑评价标准》GB/T 50378—2019 中节材与材料资源利用的衡量标准，该衡量指标的量值域设定为 [0, 0.5]，当评价值为 0.5 时关联度最大。

③对土地资源的合理利用程度，考虑容积率、绿化率、建筑密度等方面，该衡量指标的量值域设定为 [0, 1]，当评价值为 1 时关联度最大。

④空气污染程度，根据我国空气质量评级采用的是空气污染指数法，则设定该衡量指标的量值域为 [0, 200]，当评价值为 0 时关联度最大。

⑤噪声污染程度，根据国家环境质量标准《声环境质量标准》GB 3096—2008 中设定环境噪声限值，设定该衡量指标的量值域为 [30, 65]，当评价值为 30 时关联度最大。

（3）评价指标权系数的确定

评价一个对象 $Z_i\ (i=1, 2, \cdots, n)$ 优劣的各衡量指标 SI_{i1}，SI_{i1}，…，SI_{in}，$(i=1, 2, \cdots, n)$ 对于评价对象来说，其作用地位和重要程度不尽相同，通常各衡量指标的重要程度用权系数来表示。评价指标的重要性程度在 [0, 1] 之间，由此权系数标记为 $U=\{u_1, u_2, \cdots, u_n\}$。

目前，确定指标体系权重的方法由于计算权重时原始数据的不同有客观、主观赋值法两大类。客观赋值方法，即用于计算权重的数据是从评价过程中的每个评估指标的实际测评数据中获得的。如均方误差法、主成分分析法、熵法、代表计算法等。主观赋值法，即计算权重的数据主要由评估者在评价过程中根据自身经验主观判断得到，如主观加权法、专家调查法、层次分析法等。这两类方法各有优缺点。主观赋值法由评价人主观判断得到，评价的客观性较差，但解释性强；在大多数情况下，客观赋值法确定的权重精度较高，但有时会与实际情况不符，并且很难对所得结果给出明确的解释。

本书采用主、客观相结合的“结构熵权法”，结构熵权法是一种定性分析与定量分析相结合确定指标权重的分析方法。它是将专家调查法与模糊分析法相结合，形成“典型排序”。按照给定的熵决策公式对“典型排序”进行熵值计算、“盲度”分析，以减少“典型排序”的不确定性。

结构熵权法的基本思想是：系统分析指标及其之间的相互关系，将其细化分解为几个独立的层次结构，将专家意见法和模糊分析法相结合，对指标的重要性程度形成一个典型排序，然后利用熵理论对其结构的不确定性进行定量分析，通过计算熵值及“误差”分析，对有可能造成偏差的数据进行统计及处理。在相同层次确定各指标的相对重要性的排序，并确定每个层次同类别指标的重要性值，即指标的权重。具体步骤如下：

1）采集专家意见，形成“典型排序”

权重集应依据测评指标集对应确定。用“德尔斐法”采集专家意见。定性排序的《测评指标重要性排序调查表》，如表 2.5 所示，是对四个指标定性排序。依据专家意见法（德尔菲法）的程序和要求，向若干个专家进行问卷调查。遴选的专家组成员应具有代表性、权威性及公正性的要求。选择的专家依据自己的经验独立地给出测评指标集重要性排序的定性意见（采用打“√”的方式）。通过多次的征询和反馈，最终形成的专家“排序意见”称为指标的“典型排序”。

测评指标重要性排序调查表 **表 2.5**

指标类型		评估人序号	首先选择	第二选择	第三选择	第四选择
A	指标 1	1	√			
		2		√		
		3	√			
B	指标 2	1		√		
		2	√			
		3			√	
C	指标 3	1			√	
		2			√	
		3		√		
D	指标 4	1				√
		2				√
		3				√

注：“首先选择”是指该指标最重要，“第二选择”表示没有第一选择重要，以此类推，允许几个（两个或更多）指标认是同样重要的，此时，依次在对应处划√。

2）对“典型排序”进行“盲度”分析

专家典型排序的意见可能会因为异常数据产生偏差及不确定性。为减少或者消除产生的偏差及不确定性，需要对调查表中指标的一些定性判断结论进行统计分析和处理，即运用熵值理论计算确定其熵值，以减少或避免专家典型排序的不确定性。具体方法如下：

假设邀请 k 个相关专家参加咨询调查，得到咨询表 k 张，任意一张表对应一指标集，记为 $U=\{u_1, u_2, \cdots, u_n\}$。相应指标集对应的“典型排序”数组，记作（$\alpha_{i1}, \alpha_{i2}, \cdots, \alpha_{in}$），由 k 张表获得指标的排序矩阵记为 $\boldsymbol{A}$（$\boldsymbol{A}=(a_{ij})_{k\times n}$，$i=1, 2, \cdots, k$；$j=1, 2, \cdots, n$），称为指标的“典型排序”矩阵。其中 a_{ij} 代表第 i 个专家对第 j 个指标 u_j 的评价。$\alpha_{i1}, \alpha_{i2}, \cdots, \alpha_{in}$，取 $\{1, 2, \cdots, n\}$ 自然数中的任意一个数，如需要对 4 个指标排序，则指标“典型排序”数组 $\{\alpha_{i1}, \alpha_{i2}, \cdots, \alpha_{in}\}$ 中的 $n=4$，可以取 $\{1, 2, 3, 4\}$ 中的任意一个数。

通过对上面的“典型排序”进行定性、定量转化，定义定性排序转化的隶属函数为：

$$\chi(I)=-\lambda p_n(I)$$

其中，令 $p_n(I)=\dfrac{m-I}{m-1}$，取 $\lambda=\dfrac{1}{\ln(m-1)}$，代入得：

$$\chi(I)=-\frac{1}{\ln(m-1)}\left(\frac{m-I}{m-1}\right)\ln\left(\frac{m-I}{m-1}\right)$$

化简为：

$$\chi(I)=-\frac{(m-I)\ln(m-I)}{(m-1)\ln(m-1)}+\left(\frac{m-I}{m-1}\right)$$

两边同除 $\dfrac{m-I}{m-1}$，令

$$\chi(I)\Big/\left(\frac{m-I}{m-1}\right)-1=\mu(I)$$

则

$$\mu(I)=-\frac{\ln(m-I)}{\ln(m-1)}$$

I 是依据典型排序的要求对某个指标评议后给出的定性排序数，如表 2.6 所示，如果认为 A 指标选择处于“第一选择”，则 I 取值为 1；如果认为是“第二选择”，I 取值则为 2；其他以此类推。其中，μ 是定义在 [0, 1] 上的变量，$\mu(I)$ 为 I 对应的隶属函数值，$I=1, 2, \cdots, j, j+1$，j 为实际最大顺序号，例如当 $j=4$ 时，表示总共有 4 个指标参加排序，则最大顺序号取值为 4。m 为转化参数量，取 $m=j+2$，即 $m=6$。

当 $I=1$ 时，$p_n(1)=\dfrac{m-I}{m-1}=1$；

当 $I=j+1$ 取最大序号时，$P_b(j+1)=\frac{(j+2)-(j+1)}{(j+2)-1}=\frac{1}{j+1}>0$。将排序数 $I=\alpha_{ij}$ 代入 $\mu(I)=-\frac{\ln(m-I)}{\ln(m-1)}$ 中，可得 α_{ij} 定量转化值 $b_{ij}(\mu(\alpha_{ij})=b_{ij})$，$b_{ij}$ 称为排序数 I 的隶属度，则矩阵 $\boldsymbol{B}=(b_{ij})_{k\times n}$ 为隶属度矩阵，认为 k 个专家对指标 u_j 的意见一致。计算 k 个专家对指标 u_j 的认识一致程度，称为平均认识度，记作 b_j，令

$$b_j=\left(b_{1j}+b_{2j}+\cdots+b_{kj}\right)/k$$

定义专家 z_i 对因素 u_j 由认知原因产生的不确定性，称为"认识盲度"，记作 Q_j，令

$$Q_j=\left|\left\{\left[\max\left(b_{1j},b_{2j},\cdots,b_{kj}\right)-b_j\right]+\left[\min\left(b_{1j},b_{2j},\cdots,b_{kj}\right)-b_j\right]\right\}/2\right|$$

显然，$Q_j\geqslant 0$。

对于各个因素 u_j，设 k（参加测评的全体专家数）个专家关于 u_j 的总体认识度记作 x_j，

$$x_j=b_j(1-Q_j),\ x_j\geqslant 0$$

由 x_j 即得到 k 个专家全体对指标 u_j 的评价向量 $\boldsymbol{X}=(x_1,x_2,\cdots,x_n)$。

3）归一化处理

为得到指标 u_j 的权重，对 $x_j=b_j(1-Q_j)$ 归一化处理，令

$$\alpha_j=x_j\Big/\sum_{i=1}^{m}x_j$$

显然，满足 $\alpha_j(j=1,2,\cdots,n)>0$，且 $\sum_{j=1}^{n}\alpha_j=1$。$(\alpha_1,\alpha_2,\cdots,\alpha_n)$ 即为 k 个"专家意见"对因素集 $\boldsymbol{U}=\{u_1,u_2,\cdots,u_n\}$ 重要程度的一致性整体判断，与全体专家意愿或认知相符。$\boldsymbol{W}=(\alpha_1,\alpha_2,\cdots,\alpha_n)$，即称为因素集 $\boldsymbol{U}=\{u_1,u_2,\cdots,u_n\}$ 的权向量。

（4）关联函数的建立

可拓优度评价通过关联函数建立指标的评定值与指标量值域之间的关联度，由此进行评价。根据已经设定的旧工业建筑再生利用项目效益评价指标量值域属性，选用关联函数如下：

对于量值域为正的有限区间 $X=[a,b]$，$M\in X$，

$$k(x)=\begin{cases}\dfrac{x-a}{M-a},x\leqslant M\\[2mm]\dfrac{b-x}{b-M},x\geqslant M\end{cases}$$

则 $k(x)$ 具有如下性质：

1）$k(x)$ 在 $x=M$ 处达到最大值，且 $k(M)=1$；

2）$x\in X$ 且 $x\neq a,b\Leftrightarrow k(x)>0$；

3）$x\notin X$ 且 $x\neq a,b\Leftrightarrow k(x)<0$；

4）$x=a$ 或 $x=b \Leftrightarrow k(x)=0$。

根据上文设定量值域情况，需要考察分析以下三种特殊情况，每个评价衡量指标选用的适合关联函数。

式一：当 $M=\frac{a+b}{2}$ 时，

$$k(x)=\begin{cases}\frac{2(x-a)}{b-a}, x \leqslant \frac{a+b}{2} \\ \frac{2(b-x)}{b-a}, x \geqslant \frac{a+b}{2}\end{cases}$$

式二：当 $M=a$ 时，

$$k(x)=\begin{cases}\frac{x-a}{b-a}, x<a \\ \frac{b-x}{b-a}, x>a \\ k(a)=0 \vee 1, x=a\end{cases}$$

式三：$M=b$ 时，

$$k(x)=\begin{cases}\frac{x-a}{b-a}, x<b \\ \frac{b-x}{b-a}, x>b \\ k(b)=0 \vee 1, x=b\end{cases}$$

每个评价阶段的衡量指标根据其设定的量值域的属性，以及关联度所处位置选用恰当的关联函数。

（5）评价的标准与流程

通过关联函数计算出关联度后，以调研所采集的数据作为基础数据计算规范关联度。在计算出规范关联度后，即可进一步计算优度。优度的计算一般有三种：二级指标各规范关联度取大、各规范关联度取小和加权之后的综合关联度计算优度。根据旧工业建筑再生利用项目决策分析对项目效益评价的要求和可拓优度法对评价标准一般设定原则，研究确立如下评价过程。

1）规范关联度取小优度评价

二级衡量指标的规范关联度在计算得出后，作如下判断 $C(Z_{ij})=\overset{3}{\underset{i=1}{\wedge}}\overset{n}{\underset{j=1}{\wedge}}k_{ij}$。当 $C(Z_{ij})>0$ 时，可认为项目整体通过优度评价，由于取小情况下各指标关联度皆大于0，说明项目整体亦可通过综合优度评价。若项目需要进行实施效益的优劣程度比较分析，可通过下一步“综合优度评价”实现。当 $C(Z_{ij}) \leqslant 0$ 时，需要进一步确定项目是否具有“可利用性”（可利用性是指对改造后的再生利用项目在不破坏项目现状的基础上，只需对项目做适当调整即可达到再生利用预期目的的可能性），可利用性的判断需要结合“综合优度评价”共同分析。

2）综合优度评价

综合优度评价也即衡量指标的规范关联度在结合相应权系数的基础上所作出的优度评价。应用$C(Z_{ij})=\sum_{i=1}^{3}u_i\sum_{j=1}^{n}u_{ij}k_{ij}$进行二次优度评价。当$C(Z_{ij})>0$时，认为项目具有可利用的可能性，结合对项目出现负关联度情况指标的分析，对项目做适当调整处理，经调整的项目再次评价时，一般能够通过取小优度评价。如果$C(Z_{ij})\leqslant 0$，说明两次评价都未通过，项目实施后的效益不理想，即可认为项目不具备可持续发展潜力。

2.3 旧工业建筑再生利用效益量化

如前所述，旧工业建筑再生利用项目的综合效益主要体现在经济、社会、环境三个方面。其中，预期经济效益可通过估算得出；但社会、环境方面的效益较为模糊，并不能直接计算得到。若仅考虑经济效益，则不能准确合理反映项目的综合效益，进而导致项目开发决策偏差、后续利益分配决策不合理等问题。因此，有必要分析确定出社会、环境效益的量化方法，为衡量旧工业建筑再生利用项目综合效益提供科学合理的工具。

2.3.1 社会效益量化

（1）创造就业机会

从微观层面来讲，旧工业建筑再生利用项目属于投资项目。据统计，我国建筑行业就业人数始终处于高位，每亿元新增固定资产投资平均可以增加1600个工作岗位。因旧工业建筑再生利用项目创造的工作岗位的个数可以根据投资规模估算得到，增加工作岗位效益由增加工作岗位数乘以当地最低工资标准得到。

最低工资标准是指劳动者在法定劳动时间或依法签订的劳动合同约定的工作时间内提供了正常劳动的前提下，用人单位依法应支付的最低劳动报酬。

旧工业建筑再生利用项目创造的就业岗位效益的计算公式为：

$$B_{就业}=n\times 1600\times L\times 12$$

式中：$B_{就业}$——项目再生利用期内每年增加工作岗位带来的效益，元；

n——项目再生利用期内年投资亿元的个数，个；

L——当地年最低工资标准，元/月。

（2）带动相关产业发展

旧工业建筑再生利用项目对于相关产业的影响主要包括对前向关联产业的影响和对后向关联产业的影响，根据投入—产出理论，其量化指标为完全消耗量。在产业经济学中，国民经济各部门、各产品（服务）间的全部关联可通过完全消耗量来表示。完全消耗量记为 $B_{ij}(i,\ j=1,\ 2,\ \cdots,\ n)$，是指第 j 部门每提供单位最终使用产品时需要直接和间接消耗第 i 部门产品的数量。公式如下所示：

$$B_{ij}=a_{ij}+\sum_{k=1}^{n}a_{ik}a_{kj}+\sum_{k=1}^{n}n\sum_{r=1}^{n}a_{ik}a_{kr}a_{rj}$$

式中：　α_{ij}——直接消耗量；

$\sum_{k=1}^{n}a_{ik}a_{kj}$——第 j 个产业部门对第 i 个产业部门产品的一次间接消耗量；

$\sum_{k=1}^{n}n\sum_{r=1}^{n}a_{ik}a_{kr}a_{rj}$——第 j 个产业部门对第 i 个产业部门产品的二次间接消耗量；其余的依次排列。

根据以上公式以及中国各年各行业的投入产出表，旧工业建筑再生利用项目与其他产业之间的完全消耗量可以通过分析和计算得到，据此可以进一步推算出项目与相关产业的完全消耗量，旧工业建筑再生利用项目对相关产业的带动作用能够清晰地展示出来。

2.3.2　环境效益量化

旧工业建筑再生利用项目环境效益指项目对所在区域环境各种功能改善所附带效益，主要包括建筑垃圾的减少与生态环境的改善。

（1）减少建筑垃圾

通过旧工业建筑再生利用，相较新建建筑工程，可以减少建筑垃圾，并对厂区材料进行再利用。因此，该项效益计算如下所示。

$$B_1=B_{减少}+B_{回收}$$

$$B_{减少}=(D_x\times T+R_x)\times W$$

式中：D_x——工地到消纳场的距离；

T——建筑垃圾单位运输成本；

R_x——消纳场入场费；

W——需处理的建筑垃圾重量。

$$B_{回收}=P_1\times Q_1+P_2\times Q_2+P_3\times Q_3$$

式中：Q_1——钢筋的回收量；

Q_2——木材的回收量；

Q_3——橡胶塑料类材料的回收量；

P_1——钢筋回收的单价，取 500/t；

P_2——木材回收的单价，取 1000/t；

P_3——橡胶塑料类材料回收的单价，取 250/t。

（2）生态环境效益

旧工业区再生利用后，由于其具有场地开阔、绿地率高的特点，所以对周边区域生态环境起到积极改善的作用。生态环境效益体现在净化空气、固碳释氧等方面。因此，该项效益计算如下所示。

$$B_2 = B_{净化} + B_{滞尘}$$

$$B_{净化} = N_{碳、硫} \times \Delta C_{碳、硫} + C_{减少}$$

式中：$B_{净化}$——净化空气经济效益；

$N_{碳、硫}$——项目园区新增植株数量，株；

$\Delta C_{碳、硫}$——单位植株减少污染损失费，元 / 株；

$C_{减少}$——改造后减少的空气污染物，可根据类似项目得出。

根据已有研究，向环境中排放 1t 二氧化物会造成 343 元的损失；而植物从空气中吸收 1t 二氧化物可减少损失 343 元，则单位减少污染损失费是 0.033 元 / 株，据此可以计算出净化空气经济效益值。

$$B_{滞尘} = N_{尘} + \Delta C_{尘} \times \eta$$

式中：$B_{滞尘}$——每年植株的滞尘效益，元 / 年；

$N_{尘}$——区域新增植株数量，公顷；

$\Delta C_{尘}$——每年每公顷植株的滞尘量，10.9t；

η——除尘每吨所需费用，元 /t。

据园林局和环保局测算：每公顷树木每年滞尘量平均为 10.9t，每吨除尘费用为 80.69 元，通过以上数据计算绿化滞尘经济效益。

通过上述模型计算，则能得出旧工业建筑再生利用项目的环境效益总值。其计算如下所示：

$$B_{环境} = B_1 + B_2$$

式中：$B_{环境}$——旧工业建筑再生利用项目建设所产生的环境总效益，万元 / 年。

2.3.3 社会效益与环境效益分配

由于各参与主体对项目社会效益与环境效益的诉求各有侧重，所以在确定各参与主体的社会效益与环境效益时，应结合实际进行分配。因此，需要确定各参与主体相应效益的分配系数。由于各方社会、环境效益难以量化，且不同项目之间各方利益诉求存在差异，则分配系数可结合项目的实际情况确定。

第3章　旧工业建筑再生利用补偿机制

旧工业建筑再生利用补偿机制是利益机制重要组成部分。在旧工业建筑再生利用项目开展前期，因利益分配引起各参与方的利益纠纷时有发生，旧工业建筑拆改移引发的补偿问题受到政府重视。建立健全合理补偿机制，确定相应补偿标准，选择恰当补偿模式，对于旧工业建筑再生利用项目顺利进行、平衡各参与方切身利益具有重要作用。

3.1　补偿机制分析基础

3.1.1　补偿机制涵义

（1）补偿机制重要性

随着新型城镇化的推进，旧工业建筑再生利用成为区域经济发展的重要载体和发展趋势，产业空间聚集与移动加快进行。再生利用过程中多方合作的利益摩擦、矛盾、冲突也相继产生，旧工业建筑再生利用利益补偿成为亟待解决的问题。

1）平衡各方利益关系

旧工业建筑再生利用项目是基于利益共享而进行的经济活动，各方不存在隶属关系，它本身不能完全解决利益纠纷问题，所以必须有专门性的补偿机制对旧工业建筑再生利用项目过程中各方利益诉求加以平衡，对补偿关系及利益分配问题加以协调，以确保旧工业建筑再生利用项目顺利进行和区域整体利益的实现。

2）健全利益机制

旧工业建筑再生利用项目是一项复杂的系统性工程，不仅包括建筑修复、加固结构、新建等施工，并涉及组织管理、制度共建、生态环境互保、人员交流等内容。旧工业建筑再生利用项目难度大、利益主体多、涉及多个跨行政区部门，在缺乏利益机制的制度保障下容易受各方机会主义以及内外环境变化影响，具有较强不确定性。当前我国旧工业建筑再生利用项目机制不健全、约束性不足，缺乏专门性的旧工业建筑再生利用项目补偿机制，逐渐成为旧工业建筑再生利用项目进一步发展的制度性瓶颈。

3）激励约束功能

旧工业建筑再生利用项目补偿机制作为一项制度安排，具有较强的激励约束功能。通过利益补偿平衡各方利益关系，帮助各参与方构建理性预期，减缓旧工业建筑再生利用项目过程中的不确定性，降低利益补偿活动的协调成本，规范利益主体行为，为旧工业建筑再生利用项目合作创造条件，促进旧工业建筑再生利用项目的顺利进行，进而实现区域整体利益。

（2）补偿机制的定义

从经济学角度理解，投资方参与旧工业建筑再生利用项目建设和运营，前提是要满足自身的利益诉求。旧工业建筑再生利用项目投资资金量大、投资回收期长，如果仅靠后期运营收入来回收投资成本，很难吸引投资方的加入。所以，为了吸引资金，建设旧工业建筑再生利用项目，政府部门通常会对投资方进行适当补偿。原企业单位在企业政策性破产后，期望获得政府的安置补偿，并获得相应社会保障，例如子女教育安排、推荐再就业等。

旧工业建筑再生利用项目补偿机制是指为促进旧工业建筑再生利用项目合理建设和正常运营，政府部门对投资方及原企业单位从经济层面在建设和运营过程中损失和消耗的补偿，包括如何选择合理的补偿模式，补偿原则的确立，补偿标准的设定及补偿对策与建议等内容。

3.1.2 补偿机制构成

补偿机制的建立能够有效化解各利益主体间的冲突矛盾，合理的补偿能够激励投资方对再生利用项目进行投资，促使原企业单位积极参与配合。补偿机制的构成要素包括补偿主体、受偿主体、补偿模式、补偿原则、补偿标准及规范性文件等。各要素相互结合，构成了三个层面，即主体层面、措施层面和制度层面。补偿机制构成如图 3.1 所示。

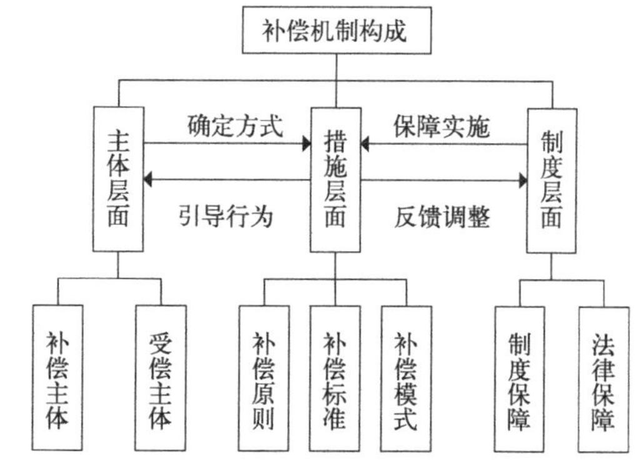

图 3.1 旧工业建筑再生利用补偿机制构成

主体层面由补偿主体和受偿主体组成，具体包括政府、投资方、原企业单位。在主体层面中，主要分析各参与主体利益补偿关系、微观行为机理以及相互之间的关系。措施层面包括补偿原则、补偿标准及补偿模式，该层面的功能体现了旧工业建筑再生利用项目的具体补偿方案，即根据补偿原则确定补偿标准、选择合适的补偿模式，从而能够给出合理的补偿方案，并加以执行。制度层面由法律、制度条文和规范性文件构成，该层面是对措施子系统的保障。

3.1.3 补偿机制现状

补偿机制的缺乏是旧工业建筑再生利用项目利益机制面临的最大制度性问题之一。旧工业建筑再生利用项目补偿机制的缺乏造成利益分配极为不平衡，影响各方利益关系，致使旧工业建筑再生利用项目效果得不到完全发挥和实现。旧工业建筑再生利用补偿机制现状见图 3.2。

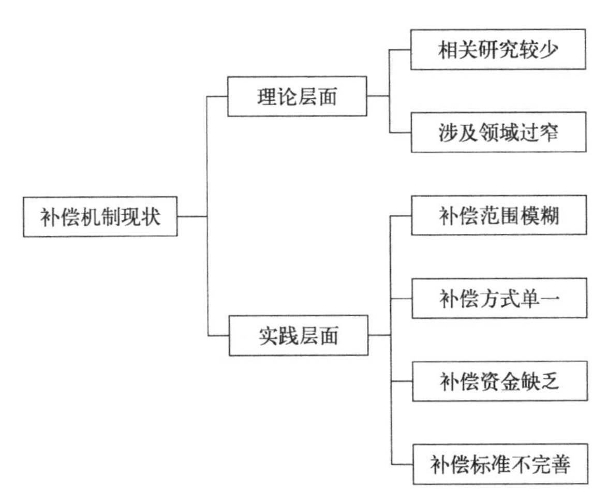

图 3.2　旧工业建筑再生利用补偿机制现状

（1）补偿机制的现状特点

随着退二进三政策的相继实施，区域经济的发展方式得到不断优化，旧工业建筑再生利用项目补偿问题日益凸显。部分地区旧工业建筑再生利用项目存在利益冲突问题。这些项目补偿机制存在一些共性特点：第一，均是由政府主导，采取的一种自上而下的制度模式，缺乏市场主动性，补偿机制通常未能达到预期效果，更多地表现为形式化和空洞化；第二，旧工业建筑再生利用项目过程中并没有产生具有较强执行力和法律效力的组织管理机构；第三，随着经济的快速发展，用于协调和平衡旧工业建筑再生利用项目利益关系的补偿方案已不适用于当前项目。

（2）补偿机制存在的问题

旧工业建筑再生利用项目补偿机制的缺失，在一定程度上影响了区域经济可持续发展，阻碍旧工业建筑再生利用项目的进程，使各方利益相关者存在矛盾冲突，同时限制了旧工业建筑再生利用项目所产生的效益和价值。本书对国内外关于补偿机制的研究进行了整理，见表 3.1 和表 3.2。

国外研究现状　　**表 3.1**

时间	作者	研究内容
1988	MasonP，Baldwin C Y	提出关于 PPP 项目的政府补偿问题，将政府补偿当作是一种期权并对项目进行了期权评价
2006	Ho SP	探索政府的事后补偿机制，并建立动态博弈模型，探究政府应该给予私人部门转移支付的范畴
2008	Carmen J，Fernando，Rahim A 等	建立关于港口 PPP 项目的动态补偿模型，对建设补偿额度的计算出累积净现值减去前一年的累积净现值，再与私人部门期望的最低收益比较，从而确定政府部门的动态补偿额度
2010	Hilde Meersman 等	运用短期边际成本定价法研究海事中 PPP 项目政府补偿机制
21 世纪	日本学者	深入研究政府补偿区间和范围，测算政府进行财政补偿的上限和下限，及税收作为经营成本的组成部分影响政府补偿的规模

国内研究现状　　表 3.2

时间	作者	研究内容
2010	杨帆，杨琦，等	以西安公交为例，对公交定价与补偿模型进行分析，对比不同报酬成本与补偿模型，得到各类最佳方式补偿
2014	何寿奎，王茜，等	在确立公益性损耗补偿范围与原则的基础上，分析补偿资金来源与补偿方式，规范补偿政策，促进社会资本参与准公共项目建设管理
2015	高颖，张水波，等	以价格上限不变为基础，得出有效的需求量补偿范围是不存在的，若政府重新设定的价格低于公私双方重新谈判成本时，即可确定一个范围需求量的有效补贴
2016	梁楠	针对水利项目经济收益较低等问题，提出了政府多种补偿方式以及在选择时必须考虑的水利项目类型、参与方式等因素影响
2017	杜杨，丰景春	在考虑公私双方不同的风险偏好的基础上，通过构建公私双方 Stackelberg 博弈模型，分析 PPP 项目的补偿机制问题，得出，当建设投资分担比例合适时，混合补偿契约可以协调风险厌恶下的 PPP 补偿博弈的分散决策和集中决策
2017	曹启龙，周晶，等	从社会资本的角度出发，分析了政府的补偿大小对 PPP 项目中的社会资本的投资、运营等的影响。研究表明，政府的补偿越多，社会资本投资可能性越多，其退出的可能性越小
2017	王卓甫，侯嫚嫚，等	通过建立公私双方的 Stackelberg 博弈模型，依据在私人部门满足自身利益最大化情况下，设置合理的利益分配机制，得出最优补偿机制

从上述国内外学者的研究中可以发现：目前补偿机制的研究主要在 PPP 项目、准公益性项目等，而有关旧工业再生利用补偿机制的鲜有研究；现阶段关于补偿机制的研究，主要运用博弈论的基本原理，通过构建项目各相关方的博弈矩阵，求取最佳补偿策略；同时，部分学者基于实物期权理论或基于运营需求对政府补偿机制进行研究。通过调研发现，旧工业建筑再生利用项目在开展前期，参与主体往往因利益纠纷无法达成共识，制定的补偿方案存在下列问题：

1）补偿范围不清晰

旧工业建筑再生利用项目没有统一的补偿机制，现有的补偿方式也没有针对旧工业建筑特点和情况理清补偿的范围和思路。目前，旧工业建筑再生利用项目补偿基本上是以政府牵头的方式开展，旧工业建筑再生利用投资方与原企业单位成为受偿对象。短期来看，由于国家政策和政府补偿，投资方愿意投资旧工业建筑再生利用项目，原企业单位配合项目再生利用；但从长期来看，项目的高额成本、周期长、投资风险大等导致投资方不愿意投资此类项目，使得大面积重拆重建的现象再次上演，违背旧工业建筑再生利用项目初衷。另外，由于补偿范围和制度的缺陷，原企业单位常常处于弱势地位，对于是否补偿和补偿多少没有足够的谈判或协商能力，主要由补偿主体的行为来决定，这不利于有效地开展旧工业建筑再生利用项目。

2）补偿方式和资金来源单一

长期以来，旧工业建筑再生利用项目的补偿方式主要是政府对投资方给予税收优惠、政策支持等；对原企业单位进行安置补偿、创造新的就业机会等。目前只有少数省份出台了地方旧改补偿办法，总体框架尚未形成，且未出台具体的补偿机制相关政策，市场机制在补偿中没有充分发挥作用。此外，资金来源一直是困扰政府补偿的重要因素之一，投入主要是政府资金，社会资本介入较少。要推进旧改项目的发展，需要的投资巨大，耗时长久。在这个过程中，单纯依靠政府补偿难以为继，必须充分发挥市场的主动性，吸引更多社会闲置资本，改变过分依赖政府补偿的低效率状态。

3）补偿标准和补偿形式不能满足现实需要

通过调研对项目补偿过程及效果分析发现，直接被用于利益受损者的补偿资金不高，大部分补偿资金用于工程建设和政府管理中，补偿资金使用效率很低。补偿标准不统一，在实践中非常明显。各地各项目补偿标准随意性较大，例如同一行政区内今年和明年、东边建设项目和西边建设项目会因其实现难易程度，补偿额差别很大；邻近的行政区标准也不一样，常常出现一条马路两侧两价的现象。在没有统一的补偿标准指导下，常常造成补偿实践中受偿者的“奇货可居”心理，阻碍了旧工业建筑项目的进程，也扭曲了政府补偿的本意。而补偿标准的一刀切，则是在具体的补偿过程中，未能根据原企业职工家庭及个人的需要或受偿地区的社会经济发展特点，给予最需要的补偿量和补偿形式，例如对有的家庭或个人来说，比起资金的补偿更需要其他生产资料的补偿或政策的放宽来满足其更高的发展需要。在补偿实践中，未能根据两种不同的心理需求判断应采取的补偿形式和补偿量，经常出现“输血型”补偿的低效率或补偿力度不够造成的社会问题。

4）补偿机制存在缺陷

旧工业建筑再生利用项目利益机制不健全、缺失、难落实是旧工业建筑再生利用项目过程中面临的重大的制度性问题之一。旧工业建筑再生利用项目利益机制偏重协调机制，忽视决策实施和监督机制；偏重政府主导式制度安排，忽视市场主导式制度安排；偏重利益创造机制，忽视补偿机制。旧工业建筑再生利用项目补偿机制镶嵌于整个利益机制结构中，作为旧工业建筑再生利用项目利益机制中不可或缺的一项制度安排，与其他制度安排一同规范旧工业建筑再生利用项目实施行为。

旧工业建筑再生利用项目补偿工作的顺利开展，需要相应的法律、政策、制度提供保障。从补偿机制的分析框架来看，多数项目在补偿标准、方式和协商等主要问题的设计上缺乏系统的、成熟的安排。宏观制度缺失是补偿问题重要根源，实践试点滞后是补偿机制确立和完善的最大障碍，旧工业建筑再生利用补偿机制的建立完善成为推进项目实施的重大前提。

3.2　补偿机制内容解析

旧工业建筑再生利用补偿机制以妥善解决各方利益冲突为目标，运用经济手段调节各方利益关系。通过分析各经济主体或利益相关者之间的内在联系和相互作用，进而解决补多少、怎么补、补给谁等问题。根据补偿机制的内容，提出补偿机制与制度设计的总体框架，如图 3.3 所示。

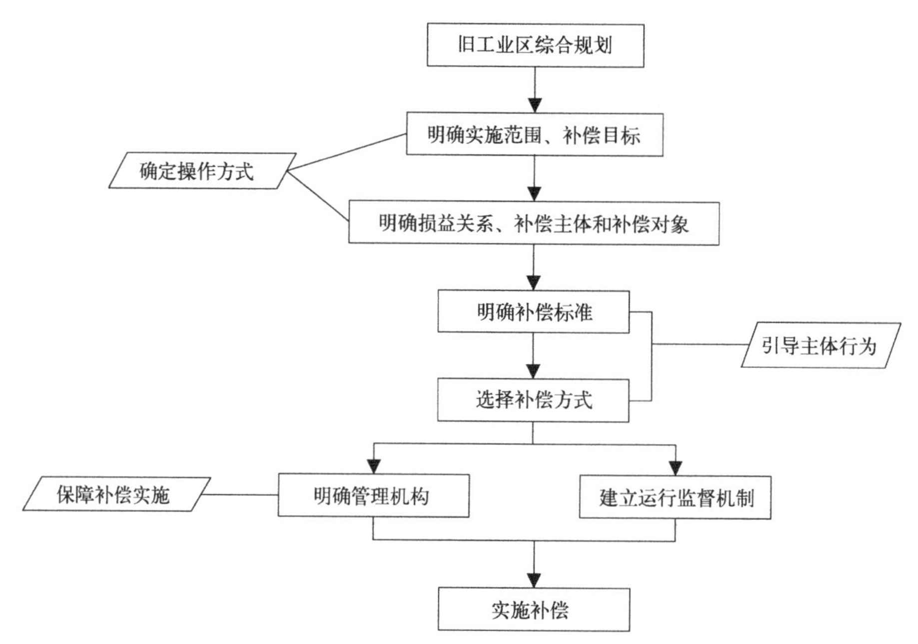

图 3.3 补偿机制与制度设计的总框架

3.2.1 相关主体

（1）补偿主体

旧工业建筑再生利用项目补偿主体是指项目在建设运营中的主导方，也是旧工业建筑再生利用项目的受益者。受益者又分为直接和间接受益者两种。直接受益者是旧工业建筑再生利用项目的投资方，在项目正式运营后，投资方即可从中获取利润。间接受益者是当地政府，即旧工业建筑再生利用能够带来可观的社会、环境效益。由于旧工业建筑再生利用周期长，资金回转慢，投资方很难在短期内获取利润。因此，最直接体现的是通过对资源的再生利用带来的社会效益，所以补偿主体为政府部门。

（2）受偿主体

受偿主体是指旧工业建筑再生利用项目建设运营过程中，利益未达到预期收益或利益受损的主体，即投资方和原企业单位。再生利用过程比较复杂，涉及以旧翻新工程量较多，工业用地转商业用地土地转性不易。项目前期资金投入较高，运营周期长，以及一些不确定因素导致矛盾较多，有不易预估和解决的风险。最终有可能导致投资方利润降低等问题，如果没有相应的补偿政策，投资方很难获得自己合理的投资回报。

房屋拆迁、货币安置标准对低收入居民尤其是中低收入群体冲击最大；企业破产，职工失去了赖以生存的收入来源；拆迁使其失去家园和谋生环境，并严重影响自古以来慢慢形成的社区文化和心理寄托；拆迁补偿不足以购置新的住房，生活质量随之下降，而外迁又导致生活不便，生活成本上升，就业机会少等一系列问题。同时，原企业单位缺乏自身利益的代表和畅通的诉求渠道，其合法利益经常得不到保障。因此，原企业单位成为旧工业建筑再生利用项目的主要受偿对象。

3.2.2 补偿原则

由于旧工业建筑再生利用问题复杂，因此明确旧工业建筑再生利用项目补偿原则是十分必要的，清晰的补偿原则有助于补偿机制的构建与推进。旧工业建筑再生利用项目补偿应当遵循决策民主、程序正当、结果合理三项原则。

（1）决策民主

补偿应当遵循决策民主原则，凡关于各参与方切身利益的事项都应当有参与方代表的参与和意见表达，按照民主的程序进行决策。如补偿重要性的认定、补偿范围、补偿方案、补偿的时点以及补偿方式的确定等。各参与方关于前述事项的意见，应当得到政府部门以及企业的重视，在综合考虑各参与方意见的基础上确定如何补偿和补偿标准。

（2）程序正当

补偿应当符合程序正当原则，旧工业建筑再生利用项目补偿程序应严格按照相关法律法规及制度要求进行。相关责任部门和行政机关在实施补偿时，有义务遵循正当的法律程序，充分维护各参与方的切身利益。整个补偿过程应受到各方监督，不得秘密进行。

（3）结果合理

结果合理原则旨在平衡各参与方的利益关系，及时将结果向社会公众公开，使行政行为在公开透明下进行，最大限度保证公平合理，避免矛盾纠纷产生。如若存在有争议的部分，旧工业建筑再生利用项目的参与者有权向相关部门提出异议，对补偿结果进行复查。

3.2.3 补偿标准

在确定补偿标准时，应发挥市场对土地资源配置的基础性作用，引入市场定价机制。进行资金补偿时，由土地资产评估机构来取代征地主体决定补偿价格，既可以避免原企业不合理报价要求，也可以限制政府和投资方的掠夺性定价，形成政府、中介公司、原企业单位三者之间的相互监督关系，可以更好地平衡各方利益。目前学者认可的补偿标准确定方法主要有支付意愿法、费用分析法、机会成本法等。

（1）支付意愿法

支付意愿法（Willingness to Pay，WTP）是一种建立在高质量调查问卷基础上的陈述消费者偏好的价值评估方法。其中，最重要的还是 Ciriacy Wantrup（1947）提出的条件价值法（Contingent Valuation Method，CVM）。选取典型区域进行支付意愿调查，计算出政府支付意愿金额，进而推算出补偿金额。运用 WTP 法测算补偿标准存在较强主观性，具有信息不对称的特征，且补偿标准偏低，科学性有待加强。

（2）费用分析法

费用分析法是核算出旧工业建筑再生利用项目改造费用或因保护再生而放弃的重建发展收益，并据此测定再生过程中应向投资方及原企业单位作出的生态补偿额度。用费用分析法测定补偿标准，过程简单，便于操作，但在具体实践过程中，涉及的数据太多，工作量大，难以全面、动态地测定旧工业建筑再生利用项目费用。

（3）机会成本法

机会成本法是指投资方对旧工业建筑进行改造再利用而放弃重建其他业态的经济投入以及发展机会等。机会成本的测算首先要选择适宜的比较对象，比较对象差异度，测算出需要补偿的资金。机会成本法是市场价值法的一种具体方法，步骤相对简单，运用此方法测算出的补偿结果从总体上看属于“应当补偿”的最大值，但是机会成本法的使用必须选取一个适当的参考对象，不然测算的结果会失去意义。

3.2.4 补偿模式

（1）政府补偿模式

政府补偿模式是指政府动用财政税收资源以及采取政策优惠等措施直接对旧工业建筑再生利用项目投资方和原企业单位进行补偿。这种补偿模式是以促进区域经济发展和产业调整为目标，通过财政补贴、政策倾斜、安置补偿费、人才技术培训等多种手段，对投资方和原企业单位进行补偿。政府补偿模式具有间接性和强制性特征，这种特征可以使政府补偿具有较强的可行性与稳定性，能够保障受偿者获得合理的补偿，但同时会造成支付成本过高以及经济效率低下等问题。政府补偿模式包括固定补偿和变动补偿。

固定补偿模式是指政府和投资方在旧工业建筑再生利用项目开展前约定了政府每年给予投资方补贴的具体金额以及补贴期限。从政府角度看，这种模式操作简单、方便执行。但在项目生命周期内，旧工业建筑再生利用项目材料使用量、成本费用、价格水平会出现较大变动，固定补偿模式并不能完全反映项目财务状况的动态变化。具体地讲，当成本上升或收入下降时，固定补偿将导致投资方回报率下降，投资方就会以牺牲服务水平为代价补偿其项目收益率的下降；相反，投资方获取超额利润，政府财政部门若继续以固定金额补偿，往往会受到其他参与方的质疑。

变动补偿模式与固定补偿模式相比，优点在于通过将补偿金额与产出水平中的数量和质量进行挂钩，可以约束项目投资方更好地履行责任，长远角度也可以促进投资方提高项目效率，获得更多补偿。但采用变动补偿模式要求政府财政部门在旧工业建筑再生利用项目设计之初，就必须精细化识别重要项目参数、针对参数设定合理的支付标准，并建立合理的支付模型。这对政府部门而言也是一项不小的挑战，应根据旧工业区再生利用项目实际情况及所在城市相关政策确定补偿模式。

（2）市场补偿模式

通过借鉴国外工程项目补偿经验，旧工业建筑再生利用项目补偿费除包括土地补偿费、安置补助费外，还应对相关的附带损失适当补偿，即直接补偿与间接补偿结合起来。调整补偿费用的分配和使用方式，把土地补偿费的大部分作为安置补助费，即补偿基金直接转为保障专项基金，以建立失业职工社会保障体系的形式对口补偿到原企业职工身上。在制定补偿价格的时候，应基于“市场论”，通过谈判协商的方式公平定价；在使用补偿基金的时候，应基于“人本论”，为原企业职工的切身利益着想，保障原企业职工的基本生活。

除政府财政支付筹集资金外，还需拓展其他资金筹集渠道，如银行贷款和市场化筹资。其中，市场化补偿模式可作为一种尝试性的方式。市场补偿模式是指在国家或地方政府的支持下，吸引各方社会力量包括旧工业建筑再生利用项目投资方自身，对原企业单位职工进行智力或资金补偿的模式。市场化筹资以旧工业建筑再生利用项目利益为导向，遵循利益共享、谁受益谁支付的有偿使用原则，并通过市场规则筹集旧工业建筑再生利用项目补偿基金。

与政府补偿模式不同的是，市场补偿模式主要依托旧工业建筑再生利用项目直接受益者，较政府财政支付筹资更具有针对性，所以市场补偿模式可以更完整地理解为旧工业建筑再生利用项目效益市场化筹资。市场补偿模式灵活性高，补偿资金来源充分，补偿方式具有多样性。社会力量或投资方为原企业单位职工提供就业岗位、进行就业培训等智力补偿。

3.3　补偿机制对策及建议

针对旧工业建筑再生利用项目在实施中存在的利益纠纷问题，急需采取相应对策。由于补偿机制主要涉及“谁补偿、补给谁、补多少、怎么补”等基本问题，因此，本节从补偿管理、补偿资金、补偿方式等方面提出对策建议。

3.3.1　成立补偿管理机构

旧工业建筑再生利用项目补偿管理机构作为一种旧工业建筑再生利用项目协调组织，其主要职能是专门负责项目过程中的利益补偿的相关工作，从而为实施旧工业建筑再生利用项目补偿提供组织保障。有效的利益补偿管理机构可以规范旧工业建筑再生利用项目各类利益补偿实践，有效防范和规避利益补偿实施欠缺和执行不力的问题。

（1）强化组织机构建设

旧工业建筑再生利用项目补偿管理机构是跨地区性的管理协调组织，所以需着重考虑以下两个方面：①管理机构参与主体具有综合性，它们是多元的、专业的、专家型的、跨区域的、跨职能部门的。②由于旧工业建筑再生利用项目补偿不仅涉及各参与方内部的利益补偿问题，还涉及区域环境及社会的共同利益，补偿关系错综复杂，涉及主体多，利益诉求差异大。

政府应针对城市旧工业建筑再生利用项目成立补偿管理机构，形成良性推进机制，使相关政策下达、利益主体诉求上传顺畅。此外，还应建立政府、投资方、原企业单位之间合作与利益协调机制，逐步形成各方共同发展局面。

（2）加强管理体制建设

旧工业建筑再生利用项目补偿实践不仅包括利益补偿内容的确定，还包括识别补偿主体、确定补偿标准、选择补偿方式和手段、筹集补偿资金、补偿金额的计算、补偿主体损失的核算、项目效益估算等一系列复杂、专业的技术活动。所以在组织结构上，旧工业建筑再生利用项目补偿管理机构应采取矩阵式组织形式，并以此明确各职能部门的责权利关系，这有助于补偿管理的跨部门协调。

此外，补偿管理机构负责补偿资金的日常管理和支付。一方面，建立补偿机构目标责任制，将投资方与原企业单位补偿的阶段性目标纳入工作计划，并实行考核制度，从管理层面保障补偿工作的进行。另一方面，加强对小组工作人员业务指导与考核，明确受偿人员情况调查与补偿方案编制、落实等。

3.3.2 多元化筹集补偿资金

目前，我国的补偿方式主要采取政府补偿、专项基金等手段，包括政府部门向原企业单位提供货币补偿或直接补偿实物；向投资方提供优惠贷款、减免税收等政策补偿，没有扩大其他补偿手段如企事业单位投入、优惠贷款、社会捐赠等。单一补偿渠道、市场化手段的缺失，导致旧工业建筑再生利用项目补偿资金严重不足。应从以下两个方面着手改进：

（1）发挥政府和市场双重机制作用

旧工业建筑再生利用项目补偿应充分发挥政府和市场双重机制作用，加快资金转移，提高投入效率。在以政府主导的情况下，逐步进行项目补偿试点与改革，切合实际制定优惠政策，考虑改造成本，鼓励投资方参与旧工业建筑再生利用项目，以实现资源再利用、保护环境的目的。

（2）建立多主体、多形式的公共支付机制

旧工业建筑再生利用项目补偿资金应建立在多主体、多形式的公共支付机制基础之上，着重制定鼓励性政策，如税收减免、生产项目资金支持、债券融资等措施，吸纳社会团体和公众资金，投入到旧工业建筑再生利用项目补偿支付机制之中，作为政府公共支付的强有力补充。

3.3.3　多样化补偿方式

补偿形式可以分为直接补偿和间接补偿。直接补偿是通过财政转移支付或价格补贴方式直接补偿利益受损方。间接补偿是通过技术资金支持、人才交流、项目合作、政策扶持和信息共享等方式平衡地区发展差距，协助利益受损方或其他合作方创造合作平台、建立合作基础、达成合作意愿。直接补偿受地方财政支付能力以及补偿金额大小、标准难以确定的约束，在实践中利益补偿效果通常被打折扣，而间接补偿不受这些约束，补偿方式灵活，它通过提高各参与方自我发展能力，实现"非零和博弈"效果。两种补偿方式各有其优缺点，直接补偿是一种实际的、确定性的补偿方式，而间接补偿是一种潜在的、弹性的补偿方式。具体的补偿方式可分为以下三类：

（1）政策补偿

政策补偿是利用制度资源和政策资源进行补偿的一种方式，主要指对受偿者实行一定的倾斜政策，通过制定一系列创新政策对投资方财政税进行优惠。政策补偿是政府对受偿者进行的政策性的补偿，可通过政策倾斜和政策优惠两种方式实施。

1）政策倾斜是指政府利用制定政策的优先权和优惠待遇，通过制定创新政策，实行差异化区域管理，以利于该旧工业建筑再生利用项目的经济发展的政策补偿方式。

2）政策优惠是政府直接给予受偿项目优惠政策，给予税收优惠与贴息贷款。该补偿的最大特点是通过政策直接给予优惠贷款、减免税收、减免收费、实施利率优惠、劳保待遇等。政府通过颁布相关政策如减免税收等来鼓励旧工业建筑再生利用项目的发展。

（2）物质补偿

物质补偿可以分为有形物质补偿和无形物质补偿两类。有形物质补偿是指政府利用其掌握的各种资源，采用物质、劳动力和土地的方式进行补偿。比如通过土地（给予原企业单位福利房等）、物品等具体物质进行补偿的一种方式。解决原企业职工部分的生产要素和生活要素，改善原企业职工的生活状况。无形物质补偿主要体现在智力补偿、技术咨询、技术培训等。智力补偿又称技术补偿，是通过技术培训、技术指导、技术转让、技术示范等方式对人才、产业进行补偿的一种方式。

（3）资金补偿

资金补偿是指通过直接支付资金的方式对补偿客体进行补偿。资金补偿是最快捷且最方便的补偿方式，在旧工业建筑再生利用项目补偿领域有着极其广泛的应用，资金收集与分配是实施资金补偿的关键。资金补偿具有见效快的特点，在具体补偿机制设计时，资金补偿应用其他补偿方式结合使用，应注意拓宽资金来源渠道，保障资金充足。在资金分配环节，注意分配的科学性、合理性，保障补偿效果最大化。

3.3.4　完善补偿制度

在地方层面上，应对实践经验进行总结，制定合理的补偿政策，推行合适的补偿模式，尽快出台补偿办法。以相关主体利益诉求为依据，对权利和义务进行明确划定，并与具体的考核奖惩相结合，建立与地方财政、保护责任、受益程度等挂钩的补偿机制，从而有效地调节补偿主体和受偿主体利益分配关系，促进补偿资金的有效整合，为旧工业建筑再生利用项目提供有力的资金支持。

在国家层面上，应尽快通过法律程序将补偿制度的原则具体落实到政策法律制度的框架中，明确旧工业建筑再生利用补偿制度的法律法规，切实解决补偿制度推行所面临的法律规范缺失问题；明确各方权、责、利相统一的办法；规范补偿资金来源渠道，提高补偿运作的稳定性，切实保障补偿制度在推行过程中有法可依。

第 4 章　旧工业建筑再生利用监管机制

旧工业建筑再生利用监管是保证项目顺利进行的前提，是实现项目主体——政府、开发商及原企业之间利益合理化分配的关键一环。通过建立科学、完善的旧工业建筑再生利用监管机制，围绕资金、质量、安全和进度四个方面进行全方位的监管，对于规范旧工业建筑再生利用，确保旧工业建筑再生利用持续、有效实施具有重要意义。

4.1　监管机制分析基础

4.1.1　监管机制涵义

（1）监管机制

监管是政府行政组织为解决市场失灵问题，针对市场主体所采取的各种干预和控制手段，不仅包括许可、标准、处罚等命令控制型监管方式，也包括经济激励型和合作型监管方式。监管机制是利用从上到下、同级之间水平和从下到上的监督方式，通过实施计划、组织、协调等，实现既定目标而形成的结构体系。

（2）旧工业建筑再生利用监管机制

旧工业建筑再生利用监管机制是以国家法律法规、行业规章制度、项目技术规程为依据，对旧工业建筑再生利用项目的全过程、各个方面所进行的监管行为。从职责范围看，旧工业建筑再生利用监管包括上级部门对下级部门自上而下的监督和管理，同级部门之间的平行监督，以及从下到上的反馈监督。具体体现为政府对相应行政部门的监管、对开发商的监管、社会公众对旧工业建筑再生利用过程的社会监督、开发商在再生利用过程中的自我监督以及内部的相互监督等。按项目过程，旧工业建筑再生利用可以分为：前期监管（规划阶段）、中期监管（施工阶段）和后期监管（运营阶段）。

4.1.2　监管机制构成

针对目前旧工业建筑再生利用市场不规范、项目再生利用效果不理想等问题，建立旧工业建筑再生利用监管机制，加强对旧工业建筑再生利用全过程监管，是规范旧工业建筑再生利用市场，提高旧工业建筑再生利用工程质量的必要保证。对旧工业建筑再生利用进行科学、有效的监管，首先，要建立合理、完善的监管制度，为旧工业建筑再生利用监管提供制度保障。同时，应明确监管机构的职能和定位，厘清政府行政部门与监管机构的关系，加强监管制度的执行力。而明确监管的范围以及监管的职能与手段是构建旧工业建筑再生利用监管机制的前提。

（1）监管范围

旧工业建筑再生利用项目参与主体涉及原企业、开发商、政府和原厂职工等。对旧工业建筑再生利用的过程中，涉及再生利用项目的设计、施工和监理等单位，以及相关技术的提供和材料的生产企业等。因此，旧工业建筑再生利用的监管范围包括旧工业建筑再生利用项目事前、事中、事后的全过程，包括资金筹措和管理、招投标、再生利用过程中的施工管理、工程验收、再生利用后的运营和维护等环节。

（2）监管机构设立原则

监管机构不仅作为监管机制运行的载体，又是监管制度实施的主体。监管机构的建立应考虑被监管对象的实际情况，以充分发挥监管作用、避免监管失效为目的。通常情况下，旧工业建筑再生利用监管机构的建立应符合下列原则（见图 4.1）。

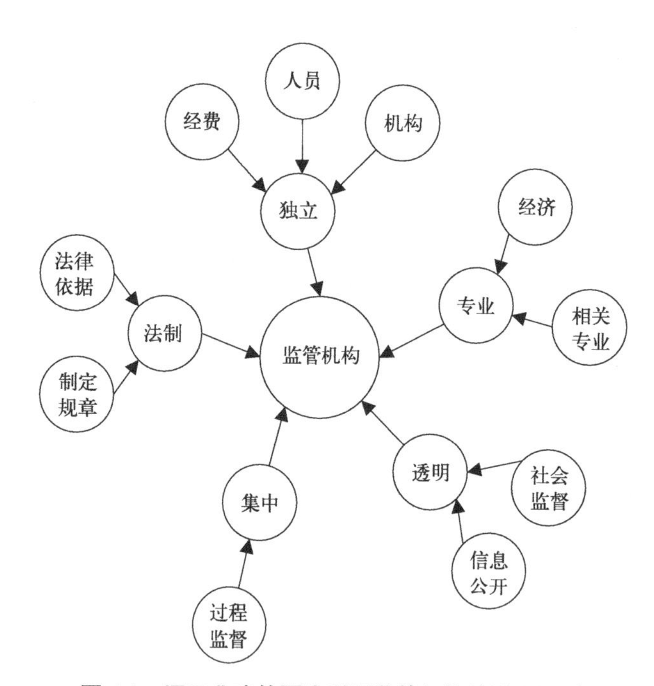

图 4.1　旧工业建筑再生利用监管机构的设立原则

1）独立化原则。旧工业建筑再生利用监管机构要遵循财政独立、人员独立和机构独立的原则，避免监管机构和被监管对象以及其他利益相关主体之间存在利益关系。

2）法制化原则。旧工业建筑再生利用监管机构要依法行使其监管职能，并在法律授权范围内负责修改和完善已实施的相关法律法规，加快相关缺失法律法规的制定。

3）集中化原则。旧工业建筑再生利用监管机构要将原来分散于不同部门的监管职能集中，避免监管交叉和缺失，实现旧工业建筑再生利用项目全过程监管。

4）透明化原则。旧工业建筑再生利用监管机构要公正、公开、透明，鼓励公众参与监管，以保证监管的公正性、透明性和科学性。

5）专业化原则。旧工业建筑再生利用监管机构必须要熟悉监管内容，具备涉及的相关领域的专业知识，达到全面监管的目的。

（3）监管职能

监管职能是监管机构在监管过程中承担的职责和功能。对于旧工业建筑再生利用活动，监管机构的职能主要包括如下四方面：

1）完善相关法律法规和政策。完善在旧工业建筑再生利用设计、审查、招投标、施工、验收等环节涉及的相关法律法规和政策，实现旧工业建筑再生利用相关法律法规体系的协调统一，保证再生利用过程有章可循、有据可查，从而规范旧工业建筑再生利用的相关活动。

2）确保再生利用工程质量与安全。加强工程安全生产管理，强化工程质量监管，特别是对施工难度大、工期较长和技术较复杂的再生利用工程的安全监管，以防止发生质量安全事故，保证人民群众生命财产安全。

3）规范再生利用过程。根据法定基本建设程序，强化旧工业建筑再生利用项目的动态管理。在我国现行资质审查制度的基础上，建立旧工业建筑再生利用涉及工程勘察设计、施工、监理等企业资质审查制度体系，规范旧工业建筑再生利用工程项目管理和承包等市场行为。同时，对涉及旧工业建筑再生利用监督管理的招标投标、工程项目管理、工程预结算等进行协调管理，规范旧工业建筑再生利用活动。

4）再生利用信息公开化。加强工程招标投标、企业信用体系、施工许可、施工现场监管、工程质量安全监管等信息的公开，向社会发布相关政策法规、工程信息、企业资质和工程主体行为等信息。

（4）监管手段

监管手段是监管机构能否有效发挥监管职能、实现监管目标的关键。旧工业建筑再生利用监管内容涉及工程招投标、相关技术和产品选用、工程质量安全和信息公开化等，旧工业建筑再生利用监管主要采取以下措施（见图 4.2）：

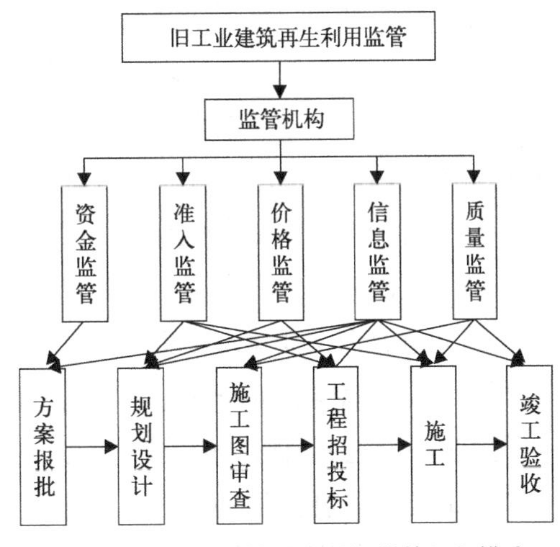

图 4.2　旧工业建筑再生利用监管运行模式

1）市场准入监管

实施市场准入监管主要包括对参与旧工业建筑再生利用的企业或机构的监管和对相关技术和产品的监管。对于参与旧工业建筑再生利用的企业或机构应采取资质和资格备案审查制度。对于再生利用过程中涉及与使用的技术和产品，采取备案制度，符合我国现行相关标准的技术和产品实施市场准入备案。对于再生利用项目涉及的特殊技术和产品，或国家尚未颁布相关标准的新技术、新产品等，采取专家论证制度，保证相关技术和产品满足使用要求。除市场准入监管外，还要通过实施年审制度加强核查监管。

2）价格监管

实施价格监管主要包括旧工业建筑再生利用过程应依据合同约定进行工程预付款和相关设备及产品的采购，确保不拖欠工程款，并设定相关设备及产品上下限的价格，控制资金合理投入，避免由于价格不合理而影响工程和相关设备产品的质量，以及资金浪费现象。

3）信息监管

实施信息监管主要通过建立信息监管平台，向社会发布旧工业建筑再生利用项目各主体的相关信息及相关政策法规，便于社会公众及时了解和查询其政策法规、工程信息、企业资质和个人执业资格等信息。信息监管有利于提高监管效率和透明度，保证监管公平公正。通过对建设资金，特别是对财政支持的再生利用项目的资金监管，设计、施工、监理等单位与相关技术和产品的准入监管，合同监管，工程质量安全监管等，对旧工业建筑再生利用实施全过程、多方位的监管，从而确保旧工业建筑再生利用行为的规范化。

4）质量监管

实施质量监管主要包括控制再生利用项目工程质量和对所选用的相关技术产品是否符合国家现行标准要求的监管，如是否符合技术和产品推荐目录、实用指南等适用性和推荐性标准。使其在符合国家相关标准的基础上,优先使用更加适用、先进的技术和产品，推动旧工业建筑再生利用的技术发展进步。

4.1.3 监管机制现状

近年来，政府出台了一系列政策、法规、标准等文件，使旧工业建筑再生利用更加规范。但总体而言,由于各级政府和主管部门对旧工业建筑的保护和再利用缺乏统一认识，造成了各地旧工业建筑的保护和再利用水平差距较大。因此，建立科学、完善的旧工业建筑再生利用监管机制，对于规范旧工业建筑再生利用市场具有重要意义。

(1) 监管机制的现状特点

随着我国旧工业建筑再生利用的不断发展，政府虽出台了一系列的政策文件，但是，急需建立适合旧工业建筑再生利用特点的监管模式，然而大部分地区未能根据旧工业建筑再生利用的特殊性而研究出台相适应的有效监管模式，仍然继续沿用传统建筑的“重事前审批、轻过程监管”的监管模式。

(2) 监管机制存在的问题

旧工业建筑再生利用过程中，由于相关技术规程、规范尚不完善，从业人员水平参差不齐，未形成系统的全过程监管机制等，严重制约着旧工业建筑再生利用项目的平稳进行。国内外关于监管机制的研究见表 4.1 和表 4.2。

国外研究现状　　表 4.1

序号	时间	作者	研究内容
1	1978	Hinze J. W and Pannullo. J	通过对“增加工作中监控有利于改善安全状况”的研究，得出领导视察现场的频率越高，现场的伤亡率就越低的主要结论
2	2001	Willian.P. Curintonde	研究指出，为了减少疏忽造成严重事故的发生概率和事故发生后的伤害，提高效率、减少监管失效概率是政府安全监管一项非常艰巨的任务
3	2002	Hancher et al.	认为建立完善的质量监管体系，注重过程中的监管较为重要，因此提出了严格的认证制度，以规范建设主体质量行为的市场准入
4	2002	Mrawira et al.	认为完善的工程质量监管组织、合理的监管体制、有效的监管机制等都是建设工程质量监管的关键因素。其中，在众多重要因素中，人的因素是可变性最大也最难把控的因素，应作为质量管控过程中重点管理对象
5	2006	David M. DeJoy	对改变行为和改变安全文化对安全管理的影响进行讨论，得出改变行为和改变安全文化对安全管理造成的影响是互补的，将两者综合起来一起考虑，可以得到更为综合和均衡全面的方式来进行安全管理
6	2015	Kaiser et al.	基于“三标一体”的建设工程质量政府整合监管模式，通过深入分析社会建筑市场中建设工程领域发展的现状，提出了建设工程质量文件化的整合监管方式，构建了建设工程质量政府综合化的监管体系，从而对获得建设工程质量监管显著的成效具有深刻而重要意义

国内研究现状　　表 4.2

序号	时间	作者	研究内容
1	2005	郭汉丁等	从博弈论分析的思想出发，通过对工程质量形成主体及政府相关监管机构的行为分析，发现培养共同的主体价值观是提高建设工程质量监管的关键途径
2	2009	陈宝春	对建筑安全政府监管问题进行剖析，通过比较美国、英国及中国香港的建筑安全监督管理模式，总结了发达国家和地区建筑安全监管的先进经验，从完善法规标准、优化监管队伍、丰富监管方式等方面提出监管的应对措施
3	2011	张士胜	通过分析政府对工程质量监管的现状，从法律法规、组织机构、信息技术、工程制度等方面，基于建设工程质量形成的全寿命周期，构建保证工程质量目标实现的政府监管机制
4	2011	许乐阳	以安全经济学的视角对以承包商为代表的参建主体的安全行为及其规律进行分析，指出建筑安全政府监管模式的困境，呼吁政府应当注重对参建主体安全行为的监管
5	2012	王超然	构建了监管机构与建设单位的博弈模型、监管机构与施工单位的博弈模型、建设行政主管部门与监管机构和被监管主体三方的博弈模型，分析了监管机构与被监管主体的利益关系
6	2014	陈咪君	从法律法规执行层面、政府职责明晰层面和工程结构安全监管层面提出了一系列完善我国工程质量监管的合理化建议

通过对国内外文献梳理分析发现，监管研究多集中于一般的建筑工程中的质量和安全监管，着重于监管法律法规体系、监管方式与管理模式、影响建设工程监管的关键因素、

评价体系与具体的措施等方面，而有关旧工业建筑再生利用监管机制的研究很少，通过实际项目调研发现，旧工业建筑再生利用项目在开展过程中存在下列监管问题：

1）监管法律法规不完善

现有关于旧工业建筑再生利用监管法律、法规及标准仍不健全且实际落实不足，导致旧工业建筑再生利用过程中的部分监管问题依然无法可依或执法不严。具体如下：①政府监管的法律标准不够严格，对企业的执法标准较为宽容，使得企业违规成本较低，部分企业对旧工业建筑再生利用过程中的违规行为存有侥幸心理。②目前建筑监管法规对企业的违法行为往往是以责令限期整改为主，经济处罚为辅，但是相应的处罚条款在执行细则上不够完善具体，导致法规的实际可操作性较低，无法很好地满足政府监管的需要。

2）监管方式相对滞后

由于在旧工业建筑再生利用过程中，技术复杂，施工难度大，专业性要求高，使得监管工作难度很大，多无法采取有效的监督管理措施。同时，目前的监管方式与手段相对比较落后，在一定程度上导致了监管无法顺利开展，具体如下：①旧工业建筑再生利用主要的监管方式是政府授权监管机构人员组成各监督小组对旧工业建筑再生利用项目进行监督检查，检查形式主要以抽查为主。②相关的监管部门缺乏独立的政策支持与财政保障，同时监管工作人员也缺乏相应的培训，导致其整体的专业技能水平不足。

3）监管职能分工模糊

旧工业建筑再生利用监管工作的职能分工不够明确，存在交叉监管的现象，使得同一项目同一问题受到多个部门的多重监管，导致监管工作的低效重复，并容易产生监管漏洞。同时，部分监管机构的人员不足，其专业技能水平与工作需求尚存在一定的差距，从而在一定程度上影响了监管工作的顺利有效完成。

4.2 监管机制内容解析

4.2.1 监管主体

监管主体作为监管制度的实施者，确定监管主体有利于充分发挥监管作用，避免监管失效。旧工业建筑再生利用涉及的监管主体主要包括政府部门监管主体、项目组织监管主体和社会舆论监管主体。

1）政府监管主体主要包括发改部门、财政部门、建设部门、城乡规划部门、国土资源部门、环境保护部门等政府职能部门及附属监管机构基于行政权力针对旧工业建筑再生利用项目及各责任主体围绕专项资金、质量和安全三方面进行监管。

2）项目组织监管主体包括旧工业建筑再生利用项目建设方基于合同对项目实施单位（投资人、项目公司、勘察设计单位、施工单位、供应商）围绕建设资金、质量和进度三个方面进行监管。

3）社会舆论监管主体包括原厂职工及其他社会公众利用信息平台，了解旧工业建筑再生利用的相关信息，对项目提出建议和进行监督。

4.2.2　监管原则

（1）依法监管原则

旧工业建筑再生利用依法监管是指旧工业建筑再生利用监管机构在行使监管权力时，应依法办事。具体包括以下三个方面：第一，依法建立监管机构。法律应明确规定监管机构的职责范围和法律地位，并保障和维护监管工作的权威性和有效性。旧工业建筑再生利用监管机构要制定监管工作规章制度，保证旧工业建筑再生利用监管目标顺利实现。第二，依法取得监管权力。旧工业建筑再生利用监管机构具有三项重要权力：制定规则、行使监管权、争议裁决，权力均来源于法律。旧工业建筑再生利用监管机构行使权力必须遵循授权明确的原则，法律要明确规定监管机构具备的权力范围，为监管机构的运行提供法律保障。第三，依法行使监管权力。监管机构要在法律授权的范围内开展工作，必须恪守相关法律法规不得违规越权，不得侵犯监管对象的正当权益，坚持执法连续性和无例外性。

（2）公平公正监管原则

旧工业建筑再生利用监管的公平公正性原则是指我国旧工业建筑再生利用监管机构将监管过程和结果向社会公示，以保护公民的知情权、监督权和参与权。旧工业建筑再生利用监管机构正常运行，无论是制定规章制度还是行使监管权力都必须接受社会舆论、经济市场和监管对象的监督。旧工业建筑再生利用监管政策和规章制度的公开，即通过网络或媒体等途径向社会公开监管所涉及的事项、程序、条件、依据、基本要求等内容；监管过程的公开，要尽可能提高工作人员行使权力的透明度，防止监管过程中出现权力交易和公权寻租的现象；监管结果的公开，尤其是在监管过程中查处的违法犯罪行为要向社会公开。公正原则主要针对旧工业建筑再生利用监管的执法者而言，是对执法者职责和权力的约束与赋予。公正是实现公平价值的前提，也是实现公开原则的保障。

（3）独立监管原则

旧工业建筑再生利用监管的独立性原则是指监管机构的行为不能受其他行政机构或组织的不良影响，必须与其他行政机构保持独立性，也要与监管对象保持独立，实现独立监管、政企分离。监管机构保持独立性既要通过制定规章制度来实现，也要依靠法律法规来保障。

（4）高效监管原则

旧工业建筑再生利用监管的高效性原则是指监管机构要高效率实现监管目标，降低监管成本，实现价值最大化。一是靠合理的机构设置，结构清晰，职责明确；二是要对监管具体事项进行详细界定，建立严密、完整的监管制度；三要培养一支高效的执法队伍，提高工作人员的素质。高效性原则要求监管机构不仅要实现自身价值，也要通过监管来促进监管对象的高效发展。

4.2.3 监管模式

由于目前国内还没有形成关于旧工业建筑再生利用项目的统一运行方式，各地方多因地制宜地开展旧工业建筑再生利用项目，相应的监管模式也差别较大。但根据各地方政府针对旧工业建筑再生利用项目建设颁布的相关规范性文件以及旧工业建筑再生利用项目的实践经验，我国目前旧工业建筑再生利用建设项目的监管可以分为三个层面：政府层面的监管、项目组织层面的监管、社会舆论层面的监管。

（1）政府层面监管

政府层面监管是指政府职能部门及附属监管机构基于行政权力针对旧工业建筑再生利用项目及各责任主体围绕专项资金、质量、安全三方面进行监管。

1）专项资金监管。为推动旧工业建筑再生利用项目高效实施，中央和地方均设立了专项资金予以支持。为保证专项资金合理利用，中央和各政府要制定旧工业建筑再生利用专项资金中长期财政计划，优先考虑符合国家产业政策及区域规划发展的旧工业建筑再生利用项目。加快建立旧工业建筑再生利用项目库，将项目库作为申报财政专项资金的唯一入口，未纳入项目库的旧工业建筑再生利用项目，不得申请专项资金补贴。对政府专项资金投资的旧工业建筑再生利用项目应从事前、事中、事后进行全过程监督，并制定专项资金支出绩效评价办法，推动财政、审计、监察、项目主管单位等部门建立联动机制，对旧工业建筑再生利用项目实施情况进行全过程监管及综合性的绩效评估，并启动绩效管理问责机制。

2）质量监管。政府对辖区内的旧工业建筑再生利用工程质量负有总体责任，建立“政府主导，全民共建”的重建质量监管体系。重建质量监管不但要政府主导，还要积极引入第三方专业监管机构，第三方专业监管机构可以带来强有力的质量监管经验和技能。此外，必须高度重视涉及工程质量的投诉和举报，对涉嫌违规行为的责任主体应严惩。同时，对重点工序的监管投诉要纳入重点监控环节，对于投诉和举报要求建设、施工和监理单位限期整改，对于拖延整改或推卸责任的单位，将立案调查及处罚。

3）安全监管。政府应将监管的重心放在旧工业建筑再生利用项目的各个责任主体上，对其在建筑工程设计以及施工过程中影响建筑安全的行为予以严密的监管，对施工企业建筑生产安全条件的配备、安全保障体系的完善等予以监督，发现违反建筑工程施工安全违法违规行为或建筑安全事故隐患，应当采取予以纠正、责令限期改正或责令停工整改的措施，从而保证政府安全监督职能的有效实现。

（2）项目组织层面监管

项目组织层面的监管是指旧工业建筑再生利用项目建设方作为旧工业建筑再生利用项目中公众利益的代表，除了自身接受政府监管之外，基于旧工业建筑再生利用项目合

同所担负的项目实施过程中的相关监管工作。旧工业建筑再生利用项目建设方的监管主要围绕建设资金、质量和进度三个方面进行。

1）资金监管。在建设资金监管方面，旧工业建筑再生利用项目建设方的工作重点是监督旧工业建筑再生利用项目投资人按期融入足够建设资金，保证资金及时到位。

项目招标阶段，旧工业建筑再生利用项目建设方重点审查投标单位的经营水平和债务状况，以保证建设资金全部运用于工程建设。此外，签订旧工业建筑再生利用项目合同时合理预定投资人注资额度及期限、资金投放及使用情况、旧工业建筑再生利用项目公司的设立要求、合同价的确定、建设资金的监管等，明确投资人不能按期注资、拖欠进度款等需承担的责任。

项目建设阶段，旧工业建筑再生利用项目建设方要督促项目投资人按合同约定的注册资本额注册成立旧工业建筑再生利用项目公司，审批旧工业建筑再生利用项目公司提交的资金使用计划，监督项目公司是否按工程进度及时足额地向指定专用账户划入资金，以确保建设资金及时到位。此外，应对项目实施过程中的工程变更进行严格控制，以有效控制建设投资。

2）质量监管。为保证旧工业建筑再生利用项目符合工程质量标准，旧工业建筑再生利用项目建设方需对工程质量实行全过程的有效监管。

项目准备阶段，旧工业建筑再生利用项目建设方要从资质、业绩、信誉、经营状况等方面对勘察设计单位进行严格审查，合理选择勘察设计单位，防止设计转包现象的发生，保证勘察设计质量。

项目招标阶段，旧工业建筑再生利用项目建设方要审查投标人的资质、信誉、业绩、业务范围等，确保旧工业建筑再生利用项目施工方达到质量管理方面的要求。

项目建设阶段，旧工业建筑再生利用项目建设方委托工程监理单位、质量检测单位等中介机构对施工单位的工程分包、质量管理制度的落实、中间验收等进行监督。

项目移交阶段，旧工业建筑再生利用项目建设方重点检查工程质量是否符合工程建设强制性标准、设计文件和合同的要求。

3）进度监管。对于旧工业建筑再生利用项目的进度监管，旧工业建筑再生利用项目建设方应坚持质量、费用、进度协调统一的原则，利用动态控制的方法重点审查施工方的总进度计划和关键节点的完成情况。

项目准备阶段，项目建设方应先完成项目开展的相关准备工作，避免因其准备工作不到位而影响项目实施，其次重点审查设计单位的设计进度计划和其阶段性设计时间计划是否合理。

项目招标阶段，旧工业建筑再生利用项目建设方审查投标文件中施工总工期、关键节点工期是否合理以及工期保障措施是否可行，合同签订时约定科学合理的目标工期，并明确提前完工的奖励措施和拖期违约责任。

项目建设阶段，旧工业建筑再生利用项目建设方应根据合同约定重点检查项目施工单位为实现合同工期所采取的技术、组织、经济、合同等施工进度控制措施，关键节点工期的实现情况以及施工进度计划的调整情况等。

项目移交阶段，旧工业建筑再生利用项目建设方主要监管竣工验收和竣工验收资料的移交进度。

(3) 社会舆论层面监管

社会舆论层面监管是指社会公众基于信息网络平台针对再生利用过程中涉及自身利益及各责任主体违法行为等进行监管。

1）全过程监管。社会公众作为旧工业建筑再生利用的主要受益对象，其再就业及妥善安置是旧工业建筑再生利用能否顺利进行的关键一环。因此，社会公众也是监管主体的主要构成部分，在旧工业建筑再生利用过程中，社会公众应提高参与意识，突出其在旧工业建筑再生利用项目监管过程中的重要地位，实现全过程的公众参与式监督。

2）信息监管。采用信息技术平台，查阅工程建设的各种信息，包括工程决策过程、招投标、工程进度、资金投入等信息，从而了解项目的整个进展过程，对项目提出监督建议，实现信息共享。

4.2.4 现行政策法规

近年来，国家和地方政府在对旧工业建筑再生利用的实施过程中，制定相关的管理办法和意见，以加强对开发建设的约束和控制作用，保障和推动旧工业建筑再生利用健康有序进行，各政策法规见表 4.3。

我国旧工业再生利用政策法规汇总　　表 4.3

序号	属性		政策、法规名称	发文单位	时间
1	国家层面		《国务院办公厅关于加快发展服务业若干政策措施的实施意见》(国办发 [2008]11 号)	国务院办公厅	2008
2			《国务院办公厅关于推进城区老工业区搬迁改造的指导意见》(国办发 [2014]9 号)		2014
3			《国家工业遗产管理暂行办法》工信部产业〔2018〕232 号	国家工业和信息化部	2018
4	地方层面	北京	《北京市保护利用工业资源，发展文化创意产业指导意见》	北京市规划委员会	2007
5			《关于保护利用老旧厂房拓展文化空间的指导意见》	北京市人民政府办公厅	2018
6		上海	《关于加强建筑物变更使用性质规划管理的若干意见（试行)》	上海市城市规划管理局	2005
7		杭州	《杭州市现有建筑物临时改变使用功能规划管理规定（试行)》	杭州市规划局	2008
8			《杭州市工业遗产建筑规划管理规定（试行)》(杭政办函〔2010〕356 号)	杭州市人民政府办公厅	2010
9			《杭州市工业遗产建筑规划管理规定（试行)》	杭州市人民政府	2012

续表

序号	属性		政策、法规名称	发文单位	时间
10	地方层面	深圳	《关于加强和改进城市更新实施工作的暂行措施》（深府办[2016]38号）	深圳市人民政府办公厅	2014
11			《深圳市综合整治类旧工业区升级改造操作指引（试行）》（深规土[2015]515号）	深圳市规划和国土资源委员会	2015
12		西安	《西安市工业企业旧厂区改造利用实施办法》（市政发〔2019〕14号）	西安市政府办公厅	2019
13		厦门	《关于推进旧城镇旧厂房旧村庄改造有关土地政策的意见》	厦门市国土房产局厦门市规划局	2010
14			《有关"三旧"改造项目前期调查摸底和规划策划研究》		2011
15			《关于推进工业仓储国有建设用地自行改造的实施意见》		2012
16			《厦门市湖里老工业厂房文创园区项目改造建设审核审批意见》	厦门市人民政府办公厅	2014
17		广州	《关于加快推进"三旧"改造工作的意见》（穗府[2009]56号）	广州市人民政府	2009
18			《关于广州市"三旧"改造管理简政放权的意见》（穗府办[2011]17号）	广州市人民政府	2011
19			《国有土地上旧厂房改造方案审批权限下放工作指引》（穗旧改办[2011]70号）	广州市三旧改造工作办公室	2011
20			《关于加快推进"三旧"改造工作的补充意见》（穗府[2012]20号）	广州市人民政府	2012
21			《广州市"三旧"改造方案报批管理规定》（穗旧改办[2012]71号）	广州市三旧改造工作办公室	2012
22		南京	《关于落实老工业区搬迁改造政策加快推进四大片区工业布局调整的意见》	南京市政府办公厅	2016

虽然国家和地方政府在对旧工业建筑再生利用的实施过程中，制定相关的条例和实施细则，以加强对开发建设的约束和控制作用，但与旧工业建筑再生利用有关的政府管理法规问题还存在很多，诸如工贸、交通、环保、发改、国资、消防等部门对建设工程项目的管理中，并无对旧工业建筑再生利用项目的针对性条文描述，现行管理体系也无法涵盖旧工业建筑再生利用项目的特殊性。因此，旧工业建筑再生利用法制体系的构建，必须由相关部门共同修正完善，才能保障和推动旧工业建筑再生利用健康有序进行。

4.3 监管机制对策及建议

4.3.1 建立完善的监督组织

健全完善旧工业建筑再生利用监督组织，构建行政部门负总责、纪检监察部门组织协调、专业职能部门配合参与的监督组织体系，保证监管工作纳入工程建设的整体部署，统一安排落实，统一检查考核，取得成效。

(1) 构建系统的旧工业建筑再生利用项目监督部门。

在相关项目的筹备建设中，其相关组织结构并没有完善建设，对此开发企业要配置专职人员对其进行监督管理，将其作为企业的直属机构独立开展工作，其主要经由主管部门辅助，赋予相关督查人员一定的权限。

（2）构建相关效能监察部门。

在项目组织机构确定之后，成立效能检查领导部门，通过企业高层对其进行管理，在办公室内设置监察部门，对整个工程项目具有监察管理的职能。

（3）构建不同层次的网络监督系统。

明确相关部门的领导人作为监管工作的主要负责人，要将其工作责任与绩效考核挂钩，提升其工作的积极性；通过在相关部门中设置监管人员，协助相关工作的开展；在施工以及建立过程中设置兼职监察联络员，通过定期走访的形式，配合相关监管工作的开展。

4.3.2 建立完善的监督检查制度

规范旧工业建筑再生利用监督检查的内容、方式和问题整改模式，建立完善的旧工业建筑再生利用监督检查制度，以保证项目规范开展。

（1）监督检查内容应具有规范性。

基于旧工业建筑再生利用开展的相关核心工作，对其进行重点监督管理。首先，对整个旧工业建筑再生利用项目的相关资金使用、合同变更等情况进行系统的监督管理，避免出现决策失误；其次，对相关工作人员进行严格管理，使其履行自身的职责与义务；最后，对旧工业建筑再生利用项目整个环境进行系统的监督管理，提升其工作质量与管理水平。在旧工业建筑再生利用监管工作开展中，应根据其自身的优势与特征，对同一工程的不同过程进行系统的监督管理。

（2）监督检查方式规范化。

监督检查是提升工程项目管理工作的有效措施与途径，根据检查的具体内容与其违规的状况，设置相应的工作模式，将监督检查工作融入整个工程建设中；通过各种不同形式的监管模式共同开展工作：首先，旧工业建筑再生利用项目公司应对项目增设检查管理人员，对投资金额较大过程环节进行系统的管理；其次，构建由专业工作人员组成的稽查组，对整个项目合同、资金以及工程等相关工作的开展进行系统的管理；最后，项目纪检监察部门与相关地方检查部门应构建一个系统的监督办公室，进而对各个汇总问题进行及时防范。

（3）规范问题整改模式。

为优化问题，避免问题的产生，在进行相关问题的优化改革过程中，首先，要对问题进行深入的探究分析，明确问题的症结所在，全面调查其产生的因素，进而制定与之相适应的整改模式；其次，规范整改措施，分析归纳其存在的问题，根据具体问题提出合适的解决建议，进而要求相关部门责任人根据相关制度，优化完善问题。

4.3.3 创新监管手段

创新旧工业建筑再生利用监管手段应充分发挥电子政务的作用，并建设一体化信息网络平台，提高旧工业建筑再生利用监管效率。

（1）充分发挥电子政务的作用。

将旧工业建筑再生利用项目招投标纳入招投标电子平台，及时公布招投标相关信息；对旧工业建筑再生利用工程施工现场进行监控，加强施工过程控制；将旧工业建筑再生利用工程建设资金使用情况纳入网络监管平台，对资金预算、筹集、拨付、使用等过程进行全面监督，防止资金被挪用、贪污、截留；将电子监察引入资格审查工作中，对再生利用项目申请单位财产信息的审核过程进行电子记录，防止其弄虚作假。建立一套集企业信息、信用信息、金融资产信息于一体的信息系统，对公司资产变化进行动态监管，每年不定期对取得旧工业建筑再生利用项目的公司进行核查，及时更新数据库。

（2）一体化共享信息网络平台。

包括资金管理、建设管理、运营管理等板块，各级政府部门通过网络平台实现信息共享，整合旧工业建筑再生利用工程全过程各项监管工作信息，信息可以在各部门之间自动传递，保证工作协调配合。信息网络平台要对人民大众、新闻媒体、协会组织开放，实现旧工业建筑再生利用各类监管信息公示，接受社会监督，为形成社会监管机制创造条件。

（3）推进信息化监管模式。

信息化可以使监管系统各级数据实现实时互联分享、动态监控，从而引导区域的动态平衡与协同发展，预测旧工业建筑再生利用项目发展规律，减少能源浪费，提升经济效益。旧工业建筑再生利用具有控制环节多、监管流程多的特点，并且随着 BIM 技术、物联网技术的推广应用，旧工业建筑再生利用的信息数据呈海量增长趋势，以信息技术为支撑点，建立旧工业建筑再生利用监管信息化系统，实现全过程监管，具有不可替代的重要意义。因此，应尽快建立适应旧工业建筑再生利用全过程的数字化监管平台。

第5章　旧工业建筑再生利用激励机制

旧工业建筑再生利用激励机制是保证再生利用项目顺利进行的必要条件，也是政府和开发商各自利益最大化的保障。建立完善的旧工业建筑再生利用激励机制，主要包括激励主体、激励手段、激励目标、激励强度等方面的内容，合理构建旧工业建筑再生利用激励机制体系对于规范开发商行为、促进项目健康发展具有重要意义。

5.1　激励机制分析基础

5.1.1　激励机制涵义

（1）激励机制定义

管理学中关于激励问题的研究主要分为内容理论和过程理论，前者主要研究被激励者的动机和需要，试图揭示激励人们工作的因素是什么；后者主要研究激励的运作过程，更关注激励机制中的认知前提，试图理解激励的方法而非内容。

综合来看，激励是将项目目标转化为具体事实的手段，激励机制的定义就是以调动被激励者的积极性和创造性为动机，通过设计适当的内外部奖酬，借助一定的行为规范和惩罚性措施来激发、引导、保持、规范被激励者的行为，以完成项目目标的一套机制。

（2）旧工业建筑再生利用激励机制定义

旧工业建筑再生利用激励机制指的是在由地方政府和开发商组成的系统中，地方政府通过特定的方法与管理体系，运用多种激励手段，与开发商相互作用、相互制约并最终使得项目利益最大化的一套运转体系。

在旧工业建筑再生过程中，地方政府通过制定科学合理的管理手段来激发开发商的积极性和主动性，以达到有效控制管理活动的目的。建立旧工业建筑再生利用激励机制主要从以下几个方面着手。

1）刺激开发商需求。建立激励机制之前，政府要通过调研、分析、预测等方法来明确开发商的需求，然后根据具体项目情况及政府掌握的资金状况、物质资源等设计奖惩规则，使用物质奖励及精神鼓励等激励手段促使开发商积极参与再生利用项目。

2）明确行为导向。行为导向是激励者希望被激励者工作的方向，因为在政府和开发商组成的系统中，开发商参与再生利用项目后，其工作的方向不一定完全符合政府需求。因此，政府需要对开发商进行导向教育，使开发商在工作方式、工作态度等方面符合要求，便于政府进行管理，提高工作效率。

3）控制开发商行为。为使开发商能够保持参与项目的积极性，并避免其在工作中出现有悖于项目目标的行为，政府要通过各种奖惩机制对开发商进行行为规范。一般来说，正向激励会使被激励者产生更强的工作动机，负向激励会使被激励者避免错误行为。政府在激励机制中需要将二者适当的结合，将开发商的行为控制在对项目目标有利的方向。激励机制示意图如图 5.1 所示。

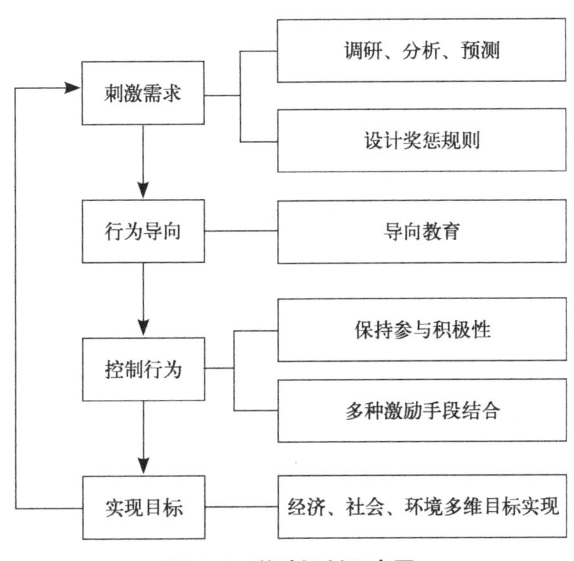

图 5.1　激励机制示意图

5.1.2　激励机制构成

旧工业建筑再生利用激励机制要在现实中发挥作用，必须解决激励主体、激励手段、激励目标、激励强度的问题。因此，主体、手段、目标、强度构成了旧工业建筑再生利用激励机制的四个基本要素，并对整个激励机制的设置起着导向、规范和制约的作用。科学运用上述四个要素，对于提高再生利用项目的完成效果具有重要的现实意义。

（1）激励主体

激励主体，就是具体激励机制的激励者与被激励者。在旧工业建筑再生利用项目中，激励机制的执行者即激励者通常是地方政府，被执行者即被激励者通常是开发商。

1）政府

政府作为激励发起者，承担着主导、把控的责任，政府追求再生利用项目完成效果的最大化，在此基础上更期望降低成本，提高政府信誉和公众支持。因此政府可以通过制定与旧工业建筑再生利用相关的激励政策和法律法规，鼓励开发商参与旧工业建筑再生利用项目，也可以对具体的旧工业建筑再生利用项目进行物质上的激励，如设置专项基金进行财政补贴，贷款优惠等。旧工业建筑再生利用既可以带来经济利益、社会效益、环境效益，也能够保护传承工业文化、提高区域竞争力，因此，政府有责任推动旧工业建筑再生利用项目发展。

2）开发商

开发商作为项目实施者，承担着投资、建设、运营的责任，开发商首先追求经济效益。经济收益主要源于破产企业资产折旧售卖款、项目运营带来的利润，社会和环境效益方面，开发商参与完成再生利用项目，赢得群众口碑，提高企业品牌价值和未来收益，旧工业建筑环境质量提升，为后续的开发计划如房地产开发等奠定良好的基础。在项目进行过程中，开发商应积极配合政府的激励政策与法规，提升自身内驱力，使得再生利用项目高效完成。

（2）激励手段

激励手段是政府为激励开发商积极参与旧工业建筑再生利用项目而采取的方法和措施，激励手段设置科学合理的标志是开发商的积极性是否得到较好的激发。根据不同的分类标准，激励的手段也有很多种不同的类型。旧工业建筑再生利用激励手段分类如表 5.1 所示。

旧工业建筑再生利用激励手段分类　　表 5.1

序号	划分角度	分类	激励措施
1	激励内容	物质激励	现金补贴、降低土地出让金、贷款贴息、设立专项资金、税收减免
		精神激励	书面表彰、声誉激励、加大宣传力度
2	激励作用	正向激励	财政补贴、贷款优惠、信任、表扬
		负向激励	批评、罚款、淘汰
3	产生原因	外附激励	赞许、奖励、评定头衔
		内滋激励	责任感、成就感、义务感

从激励内容角度来看，则包括物质激励和精神激励，在再生利用项目中，物质激励主要有现金补贴、降低土地出让金、贷款贴息、设立专项资金、税收减免等；精神激励则主要采用书面认可、声誉激励、增加宣传等形式。

从激励作用角度来看，激励可分为正向激励和负向激励，正向激励是通过强化积极意义的动机而进行的激励，以褒扬为主，通常有两种形式，一种是补贴、贷款优惠等物质奖励，另一种是信任、表扬等精神奖励；负向激励是通过采取某些措施来抑制或改变开发商的动机，通过影响动机来影响行为，目的在于使开发商产生危机感，督促被激励者始终保持良好的工作态度与行为习惯，主要形式有批评、罚款、淘汰等。

从激励产生原因的角度可以分为外附激励和内滋激励，外附激励指的是掌握在激励者的手中，由激励者运用，对被激励者来说是一种外附的激励，具体手段有赞许、奖励、评定头衔等；内滋激励是指被激励者自身产生的激励力量，具体包括责任感、成就感、义务感等。

（3）激励目标

所谓目标，就是人们期望达到的成就和结果。人们进行工作，都期望实现一定的价值，通过目标设定，把大中小和远中近的目标结合起来，形成目标链，以便工作对象得以始终把其行为与目标联系起来。

激励目标就是指激励的针对性，即针对何种内容来实施激励。当项目某一阶段的目标基本达到时，政府就应该调整激励方向，转向更进一步的目标，以更加有效地达到激励开发商的目的。

激励目标为激励者指明行为的重点，同时也为被激励者指明行为的方向。激励者在特定时间段里，通过相关的激励措施和方法，对被激励者进行引导而达到具体目的。旧工业建筑再生利用项目的最终激励目标是要通过地方政府的调控，充分利用开发商的作用，使废弃旧工业建筑资源发挥余热，实现再生利用项目经济效益、社会效益、环境效益、文化效益的最大化。

激励目标设置应当注意以下几点：第一，激励目标应明确，要使项目系统内全体工作人员都清楚无误地明确其工作目标；第二，激励目标应合理，不可过高或过低，过高的目标难以实现，会打击开发商的工作积极性，而过低的目标实现难度较小，故而实际价值不高；第三，积极创造条件，使工作对象的目标能够实现。

（4）激励强度

激励强度是指激励量的大小，即奖励或惩罚水平的高低。恰当合理地掌握激励程度的能力直接影响激励作用的发挥。超量激励和欠量激励不仅不能在激励机制中发挥真正的作用，有时甚至会适得其反。在实际项目中，过度优厚的奖赏会使开发商感到太过容易得到收益，丧失了发挥潜力的积极性；过于严厉的惩罚可能会挫伤开发商的工作信心；过于吝啬的奖赏会使开发商感到得不偿失，即努力程度与奖赏程度不成正比；过于轻微的惩罚可能导致开发商无视惩罚，变本加厉。因此，从激励强度上把握激励效果，需要做到恰如其分，奖励不能过高也不能过低。

5.1.3　激励机制现状

（1）研究现状

在经济学领域中，激励机制的研究通常基于“经济人”的假设，以自身收益的最大化为目标，再加以数学模型的构建以及逻辑推理形成的；在管理学中提到的激励理论则主要是以人的需求为研究对象，通过案例分析和总结归纳逐渐形成的。关于激励理论的国内外研究现状分别见表 5.2 和表 5.3。

国外研究现状 表 5.2

序号	时间	作者	研究内容
1	20 世纪 30 年代	伯利、米恩斯	出版并发行《现代公司与私有财产》一书，提出“管理权与控制权相分离”的研究观点
2	1964	威廉姆森	以最小利润为约束但是以管理者效用最大化为目标构建了理论模型
3	1972	阿尔钦、德姆塞茨	首先将研究视角转移到了企业的内部结构上，摒弃了以往对市场交易费用的研究，并在此基础上提出了团队生产理论
4	1976	詹森、麦克林	首次提出了“代理成本”的概念，在《公司理论：管理行为、代理成本和资本结构》一文中，对代理成本进行了分析阐述
5	2003	克瑞普斯	提出了声誉模型，有效地解决了“囚徒困境”的难题，完善了静态博弈理论
6	2007	Gabaix 、Landier	用模型研究表明，由于企业平均规模的增加，增加了 CEO 到外部任职的机会，从而增加了经验报酬的增加
7	2011	Magee	提出了机构官僚架构与领导心理取向是作用于激励成效的主要要素

国内研究现状 表 5.3

序号	时间	作者	研究内容
1	2006	沈海虹	介绍了美国文化遗产保护领域中税费激励制度的形成、发展与政策影响力，借此引发我国采用税费制度促进城市文化遗产保护的模式
2	2008	高礼彦	在完善企业项目经理考评体系的基础上，完善项目经理的激励约束机制，指出激励机制分为物质激励和非物质激励，约束机制分为公司内部约束机制和外部约束机制
3	2009	杨青、高铭	认为委托人与代理人之间的关系不是简单合谋或共同激励关系，而是出于代理人选择合适角色或监控得当，委托人仍是代理角色，并且其战略指导要弱于监控作用的“单边激励”状况
4	2013	张维迎	以委托权的内生性为切入点，通过建立相关模型对企业委托权的安排提出了建议
5	2013	李玲	通过对比中西方在激励政策方面的努力，总结我国激励政策不足之处，并结合我国国情提出切实可行的相关激励策略
6	2014	石大志	分析建筑节能工作存在问题的根本原因，结合已有国内外建筑节能激励政策和工业建筑自身特性分析工业建筑节能中存在的问题，提出工业建筑节能经济激励政策相关建议
7	2017	贺楠	借鉴国外建筑遗产保护顺利推行的资金保障机制的成功经验，以此为基础总结出国外建筑遗产保护中的实践主体和实践活动，为后续针对我国的实践研究奠定理论基础

国内外有关激励理论的研究通常把人看作是仅仅追求更多利益的单个成员，即假定利益最大化为人们行为和考虑的出发点，此时激励机制的创建关键在于针对相关个体借助具体的收益情况完成激励，但是忽略了个体成员主动性的问题，工作热情可能会相应的下降。随着认知理论、心理学的发展，学者们认为人们非常注重个体的实际需求和相

应目标，同时提出人们行为出现不仅受到经济层面的影响之外，还可能受社会方面或者利他方面的影响，上述所有都能够作为相关的激励因素进行考量。

国内外学者的研究基本集中在理论层面，关于企业员工激励及委托代理激励方面内容较多，而旧工业建筑再生利用的激励机制理论严重缺失，这对于旧工业建筑再生利用激励机制建设十分不利。

因此，在构建旧工业建筑再生利用激励机制时需要对经济学领域的相关激励模式进行研究，把所有利益参与方都考虑到位。首先分析各利益主体的物质收益，其次深入分析精神层面，引导参与者在心理或精神层面不断有新的追求，进而实现相关个体自我激励的过程。

（2）政策法规现状

我国旧工业建筑再生利用自开始以来，主要以企业自主改造和政府强制改造两种方式推行，其中政府曾经或正在实施的激励性政策或法规主要以财政优惠政策为主，包括税收优惠、降低土地出让金、贷款贴息、财政补贴、设立专项资金等方式。我国部分城市推行的激励政策法规见表 5.4。

部分城市激励政策法规　　表 5.4

序号	省市	出台政策法规	激励手段	时间
1	南京	《关于加快发展南京文化产业的意见》	非公有制文化企业在项目审批、资质认定、文化经济政策等方面享有与国有文化企业相同的待遇	2006
2	南京	《南京市工业用地招标拍卖挂牌出让实施细则（试行）》	明确工业用地土地出让手续	2007
3	南京	《关于落实老工业区搬迁改造政策加快推进四大片区工业布局调整的意见》	积极争取专项资金支持	2016
4	上海	《关于本市盘活存量工业用地的实施办法（试行）》	明确工业用地转化程序	2014
5	上海	《上海市城市更新实施办法》	参照旧区改造的相关规定，享受房屋征收、财税扶持等优惠政策	2015
6	苏州	《苏州工业园区关于推动产业转型升级专项资金管理办法》	对于各种再生利用项目给予资金扶持和奖励	2014
7	苏州	《苏州工业园区鼓励和发展核心产业的若干意见》	对核心产业项目及具有填补行业空白的重点项目给予优惠扶持	2014
8	苏州	《苏州工业园区关于推动产业转型升级专项资金管理办法》	对于各种再生利用项目给予资金扶持和奖励	2014
9	广州	《关于推进“三旧”改造促进节约集约用地的若干意见》	划拨土地使用权采取协议方式补办出让手续；对现有工业用地改造后不改变用途，提高容积率的不再征缴土地价款	2009
10	广州	《关于自行改造协议出让土地出让金计收政策的函》	明确旧厂房自行改造协议中出让土地出让金计收政策	2010

续表

序号	省市	出台政策法规	激励手段	时间
11	广州	《关于广州市“三旧”改造管理简政放权的意见》	简化旧厂房改造项目审批手续	2011
12	广州	《广东省人民政府关于提升“三旧”改造水平促进节约集约用地的通知》	完善利益共享机制；改进报批方式，加快完善历史用地手续；完善配套政策	2016
13	北京	《北京市促进文化创意产业发展的若干政策》	减免税收；资金支持；融资担保；放宽土地政策	2006
14	北京	《北京市保护利用工业资源发展文化创意产业指导意见》	授牌表彰；简化各项审批手续；设立专项扶持资金；搭建专业化服务平台	2007
15	北京	《关于进一步鼓励和引导民间资本投资文化创意产业的若干政策》	放宽企业工商登记条件；简化各项审批手续；发展专项资金补贴；减免税收	2013
16	北京	《关于保护利用老旧厂房拓展文化空间的指导意见》	对于部分非营利性公共文化项目采取划拨用地的方式办理手续；对于保护利用成效显著的项目给予表彰奖励；政府购买服务、担保补贴、贷款贴息	2017
17	北京	《关于推进文化创意产业创新发展的意见》	减免税收、完善投融资服务	2018
18	福建	《关于加快推进旧城镇旧厂房旧村庄改造的意见》	允许原土地使用单位将出让方式取得的工业用地改变用途作为商业服务等用途；提高土地利用率和增加容积率的，不再增收土地出让金	2010

（3）存在问题

1）激励政策整体缺失

自开展旧工业建筑再生利用工作以来，主要针对财政及土地问题方面出台了一些优惠政策，然而许多政策只是提出进行旧工业建筑再生利用项目激励的宏观举措，并未提出具体的微观措施。并且就地域情况来看，发达地区推行政策速度较快，涉及方面较完善，而欠发达地区基本无相关政策发布。

2）尚未建立完善的激励机制

目前，我国旧工业建筑的建筑面积十分巨大，相对的改造投资也非常大，仅仅依靠政府财政投资显然不足以支撑，必须通过建立适应市场经济体制要求的再生利用激励机制，使第三方如开发商介入再生利用项目，扩大改造融资渠道和融资规模，以促进项目的顺利开展。

3）激励方式单一落后

大部分旧工业建筑再生利用项目的激励方式比较单一，多采取片面的财政补贴的方式，而经济方面的激励形式是多种多样的，如完善投融资服务、减免税收、担保补贴、资金扶持奖励等，同时政府还可以结合精神方面的激励，如声誉激励、授牌表彰、评定头衔等，以使开发商更注重于未来成本的降低。

5.2 激励机制内容解析

5.2.1 相关主体

（1）激励者——政府

作为激励机制的发起者，政府始终代表着广大群众的利益。目前，旧工业建筑废弃闲置问题严重，再生利用项目推行的大趋势势在必行，政府对此有着不可推卸的责任，同时也决定了政府在推广过程中的主动、引导地位。

政府代表的是社会的公共利益，作为再生利用事业的推动者，政府对旧工业建筑再生利用的态度影响着项目的可进行性。这就要求政府出台有效的政策法规来引导开发商的行为活动，政府可以通过建立相关法律法规，来激励开发商参与，也可以制定鼓励性政策，发挥行业牵头者的带动作用。

（2）被激励者——开发商

开发商作为受激励机制作用的被激励者，以自身利益为导向，对于开发商来说最大的抉择是是否接受政府的激励措施以满足政府期望。开发商需要调整自己在旧工业建筑再生利用项目中的位置，配合并适应政府制定的政策法规，才能实现再生利用项目的发展目标。

在再生利用时，资金筹集是关键问题，这是开发商成为旧工业建筑再生利用的利益主体并发挥重要作用的基础，因此在旧工业建筑再生利用项目进行过程中开发商一方面应积极配合政府工作，另一方面要根据市场规律和地租理论，选择其认为最合理的方式和最佳方案。开发商的利益追求相对单一，即追求经济利益最大化。就旧工业建筑再生利用项目来说，开发商选择何种力度来进行保护利用，选择何种定位来进行开发模式的选择等都能给开发商带来丰厚的经济效益。因此有必要加强政府和社会的监督作用，同时制定一系列激励政策，才能吸引开发商的投资热情。

5.2.2 激励原则

旧工业建筑再生利用激励机制的研究需要明确一定的激励原则，以便于激励机制的推行和实施。旧工业建筑再生利用激励机制应当遵循以下五项原则：

（1）系统性原则

系统性原则指的是为了全面调动被激励者的积极性，保持开发商活力长久不衰，有必要构建全面、系统的激励制约机制来形成长效的激励功能。系统性的激励制度需包括激励因素集合、行为导向系统、行为幅度系统、行为时空系统和行为归化系统，以全面发挥激励制度的导向、制约、规范作用。

（2）适应性原则

适应性原则指的是根据不同的区域、不同的城市，需要制定相应的激励机制。由于激励取决于内部因素，因此激励机制要以再生利用项目所处区域实际情况而定。在制定激励机制的过程中，需要先调查项目所在区域的具体情况，将区域特点进行系统整理归纳，然后根据激励目标制定相应的激励措施，提高激励措施的适应性。例如对于公益性再生利用项目，政府可适当加大激励强度，制定不同于一般再生利用项目的激励政策。

（3）公平性原则

公平性原则指的是再生利用项目进行中需要遵循公开、公平、公正的原则，这是确保激励机制行之有效的必要条件，也是保证项目平稳运行的基础，公平的核心就是信息的公开与共享，如考核的程序与标准、奖惩的原则与结果等。旧工业建筑再生利用激励政策法规的公开，可以通过网络或媒体等途径向社会公开激励机制所涉及的事项、程序、条件、依据、基本要求等内容。此外，程序公正也是公平性原则的一个重要方面，如果奖惩考核程序不公开，会让被激励者产生暗箱操作的猜疑心理，导致被激励者士气降低。

（4）时效性原则

时效性原则指的是应及时实施激励措施。旧工业建筑再生利用激励机制实施时，政府要把握好激励的时机，“雪中送炭”和“雨后送伞”的效果是截然不同的。及时激励有助于将开发商的激情推向高潮，使其创造力连续有效地发挥出来。适时激励的优点在于当开发商的行为受到肯定后有利于其继续发挥能力，同时还有助于提高政府的公信力。

（5）综合性原则

综合性原则指的是物质激励与精神激励相结合。目前我国旧工业建筑再生利用项目激励机制侧重于物质激励而忽视了精神激励。从马斯洛的需要层次理论来看，当物质需求在一定程度上得到满足时，精神需求就会上升为主要需求。这时精神激励的作用往往比物质激励更加巨大和持久。因此必须把物质激励和精神激励很好地结合起来，使开发商在追求经济收益的同时也注重荣誉奖励、自身声誉等精神层面的激励。

5.2.3 激励模式

现阶段我国的旧工业建筑再生利用激励模式主要有两种，分别是单一目标状态下的激励模式和多维目标状态下的激励模式。其区别主要在于激励目标的不同，“单一模式”下政府和开发商均以单纯经济利益为激励目标，只追求最低成本和最高经济利益，而“多维模式”下，激励目标具有多样性，例如政府追求项目完成效果最大化、政府形象提高，开发商追求社会效益及声誉提高等。

（1）单一目标状态下的激励模式

单一目标状态下的激励模式指的是仅仅以经济利益为激励目标的激励模式。在这种模式下，政府和开发商被单一目标激励和约束，即经济利益，提高经济收益，降低成本成了唯一的激励目标。目前我国旧工业建筑再生利用激励机制中针对经济收益的激励手段有现金补贴、降低土地出让金、贷款贴息、设立专项资金、税收减免等。开发商过于追求经济收益而忽视其他方面收益会造成很多问题，例如环境污染、声誉下降、舆论攻击等，这对整个激励机制系统是十分不利的。

（2）多维目标状态下的激励模式

多维目标下的激励模式指的是不仅以单纯的经济利益为目标，而是存在多种维度目标的激励模式。在旧工业建筑再生利用项目中，项目的目标有时并不是单一的。例如政府追求再生利用项目的成功、自身形象的提高等，开发商追求自身经济利益的最大化及企业形象的提升，在此基础上还会追求一定的社会效益、环境效益。

在该模式下，政府和开发商均被多维目标激励和约束，如果视经济利益为唯一的激励源泉，则本质上是将多维度的利益主体退化为单维度，这种认知对于系统激励机制的设计是有害的。政府和开发商应更加着眼于长远利益的追求，换言之，经济收益的最大化已经不是政府和开发商追求的唯一目标，反之，各种收益的合理化和利益的长期性才是主要追求目标，因此旧工业建筑再生利用激励机制的实质是以合作为核心的。在多维目标状态下，政府与开发商之间的合作成了焦点，其核心目的在于改变开发商的被动地位，从而将其参与动机由被动转为主动，最大限度调动开发商的主观能动性，并且让政府和开发商都为整个项目的长远利益而努力。

5.3 激励机制模型构建

5.3.1 主体行为分析

（1）政府行为分析

作为城市更新的主导者，政府对旧工业建筑再生利用的态度直接影响着项目的可实施性。在旧工业建筑再生利用过程中没有一套可遵循的法律法规体系，防火、抗震等都无法满足新建建筑规范的要求，使得再生利用难度加大。因此，政府可以通过建立健全的旧工业建筑再生利用的法律法规体系，来鼓励开发商参与旧工业建筑再生利用，也可以对旧工业建筑再生利用项目进行具体的经济激励。再生利用不仅可以带来可观的经济利益、社会效益、环境效益，也可以保护和传承历史文化、提升城市内涵，政府有责任对其进行推动和支持。

（2）开发商行为分析

开发商作为理性经济人，以利益为导向，是旧工业建筑再生利用的投资方及实施主体。在政府的引导下，会按照市场规律及社会发展需求，选择再生后的合理方案。开发商选择何种力度进行再生利用取决于政府的激励程度，满足其自身利益需求后则会考虑企业形象、声誉等。且随着旧工业建筑价值的提升，开发商因再生政策体系不健全、项目成本回收周期长、投资风险大等原因望而却步。因此，政府必须制定一系列政策并搭建专业化平台等鼓励开发商参与再生利用，并做好监督作用。

5.3.2 演化博弈模型分析

（1）演化博弈模型构建

1）基本假设

假设1：两个参与者，参与者Ⅰ是政府，参与者Ⅱ是开发商。政府接近完全理性：政府只能获知开发商的部分信息，并根据已获知信息作出自己的决策。开发商为有限理性：开发商是一个大群体，在未达到最优策略前，都会不断地根据已获知信息随时调整自己的策略，直至达到自身最优策略。

假设2：政府的策略选择集合为{积极激励，消极激励}，积极激励指政府制定并执行旧工业建筑再生利用相关政策、标准，并对旧工业建筑再生利用项目进行具体的经济激励，如设置专项基金进行财政补贴，优惠贷款等。消极激励是指政府虽鼓励开发商参与旧工业建筑项目，但并未采取实际的支持措施。开发商的策略选择集合为{再生利用，推倒重建}。

假设3：政府选择积极激励开发商参与旧工业项目，为健全法律法规体系，付出的相关标准、政策的制定及推行成本为C_1；设置专项资金、搭建专业化服务平台等经济激励成本为C_2。政府选择积极激励时，开发商选择旧工业建筑再生给政府所带来的经济（如税收收益）、社会（如政府声誉的提高）、环境（减少拆除的垃圾以及周边环境的改善）及文化（如工业文化的传承）收益为R_1。政府选择消极激励时，仍有部分开发商参与旧工业建筑再生利用给政府带来的经济、社会、环境及文化效益为R_2；开发商选择推倒重建，政府所能获得的经济收益为R_3，由此所造成的旧工业文化缺失，环境效益降低等损失值为F_1。

假设4：开发商选择旧工业建筑再生利用时所获得的经济收益为V_1，因参与旧工业建筑所带来的企业品牌形象的提升等社会效益为V_2；开发商选择推倒重建的收益为V_3。推倒重建比再生利用多付出的成本为C_3。

政府与开发商博弈模型参数设定　　表5.5

序号	参数设定	参数含义
1	C_1	政府制定相关标准、政策以及推行成本
2	C_2	政府设置专项资金等经济激励成本
3	C_3	开发商选择再生利用比推倒重建节约的成本
4	R_1	政府积极激励、开发商选择再生利用时政府的收益
5	R_2	政府消极激励、开发商选择再生利用时政府的收益
6	R_3	开发商选择推倒重建，政府可获得的收益
7	V_1	开发商选择再生利用，其可获得的经济收益
8	V_2	开发商选择再生利用，其可获得的声誉收益
9	V_3	开发商选择推倒重建，其自身可获得的收益
10	F_1	推倒重建所造成的文化缺失、垃圾污染等给政府带来的负效益

2）演化收益矩阵

假设政府选择积极激励开发商参与旧工业建筑再生利用的概率为 x，消极激励的概率为 $1-x$；开发商选择旧工业建筑再生利用的概率为 y，选择推倒重建的概率为 $1-y$。则政府与开发商的演化收益矩阵如表 5.6 所示。

政府与开发商的博弈矩阵　　表 5.6

政府	开发商	
	再生利用（y）	推倒重建（$1-y$）
积极激励（x）	c	（$R_2-F_1-C_1$，V_3）
消极激励（$1-x$）	（R_2，$V_1+V_2+C_3$）	（R_3-F_1，V_3）

（2）演化稳定策略分析

在政府和开发商的有限理性重复博弈过程中，博弈双方根据以往的多次博弈不断模仿、学习并调整自己的策略，最终达到演化稳定均衡。

1）对政府的博弈分析

假设复制动态方程是关于 x 的，则演化均衡点应满足 $F(x)=0$、$F'(x)<0$ 的条件。由表 5.6 政府与开发商的博弈矩阵可得政府选择积极激励旧工业建筑再生的收益为：

$$U_{11}=y(R_1-C_1-C_2)+(1-y)(R_3-F_1-C_1)$$

政府选择消极激励旧工业建筑再生的收益为：

$$U_{12}=yR_2+(1-y)(R_3-F_1)$$

政府的平均期望收益为：

$$U_1=xU_{11}+(1-x)U_{12}$$

政府的复制动态方程为：

$$F(x)=\frac{\mathrm{d}x}{\mathrm{d}t}=x(U_{11}-U_1)=x(1-x)[y(R_1-C_2-R_2)-C_1+F_2]$$

令 $\frac{\mathrm{d}x}{\mathrm{d}t}=0$，可得 $x_1{}^*=0$，$x_2{}^*=0$，$y^*=C_1/(R_1-C_2-R_2)$。

当 $y=y^*$ 时，$F(x)=0$，$F'(x)=0$，所有的 x 都是稳定状态，即当开发商选择再生利用的初始比例达到 $y=y^*$ 时，政府的政策是稳定的。

当 $y>y^*$ 时，$F'(0)>0$，$F'(1)<0$，$x_2{}^*=1$ 是政府的演化稳定策略，即政府积极激励旧工业建筑再生与开发商选择旧工业建筑再生利用的策略形成了良好的互动，并逐步达到帕累托最优状态。

当 $y<y^*$ 时，$F'(0)<0$，$F'(1)>0$，$x_2{}^*=0$ 是政府的演化稳定策略，即开发商选择再生

利用的比例达不到启动点，原来支持再生利用的单位也最终会趋向于不支持。

政府的复制动态相位图如图 5.2 所示。图 5.2 表明开发商选择再生利用的比例高于某一特定值时，政府与开发商选择再生利用的比例会逐渐收敛于 1；开发商选择再生利用的比例低于某一特定值时，政府与开发商选择再生利用的比例会逐渐收敛于 0。

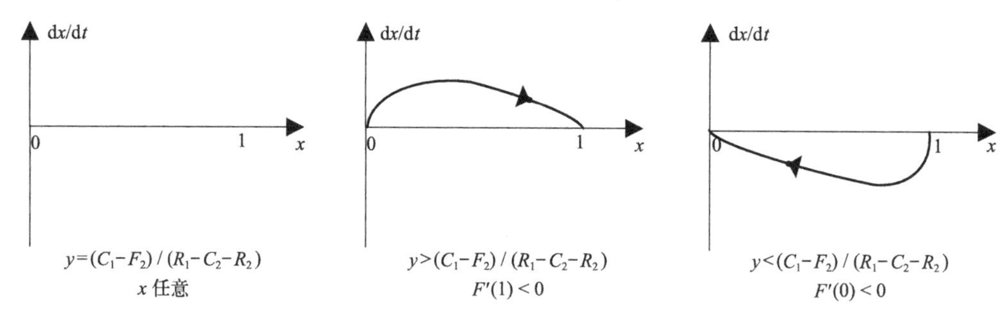

图 5.2　政府的复制动态相位图

2）对开发商的博弈分析

由表 5.6 政府与开发商的博弈矩阵可得开发商选择旧工业建筑再生利用的收益为：

$$U_{21}=x(V_1+V_2+C_2+C_3)+(1-x)(V_1+V_2+C_3)$$

开发商选择推倒重建的收益为：

$$U_{22}=xV_3+(1-x)V_3$$

开发商的平均期望收益为：

$$U_2=yU_{21}+(1-y)U_{22}$$

开发商的复制动态方程为：

$$G(y)=\frac{\mathrm{d}y}{\mathrm{d}t}=y(U_{21}-U_2)=y(1-y)[xC_2+V_1+V_2+C_3-V_3]$$

令 $\frac{\mathrm{d}y}{\mathrm{d}t}=0$，可得 $y_1^*=0$，$y_2^*=1$，$x^*=V_3-V_1-V_2-C_3/C_2$。

当 $x=x^*$ 时，$G(y)=0$，$G'(y)=0$，所有的 y 都是稳定状态，即当政府选择积极激励旧工业建筑再生的概率达到 $x=x^*$ 时，任何开发商选择再生利用和推倒重建的初始比例都是稳定的。

当 $x>x^*$ 时，$G'(0)=0$，$G'(1)<0$，$y_2^*=1$ 是开发商的演化稳定策略，即开发商选择旧工业建筑再生利用与政府积极激励旧工业建筑再生利用策略形成了良好的互动，并达到帕累托最优状态。

当 $x<x^*$ 时，$G'(0)<0$，$G'(1)>0$，$y_2^*=0$ 是开发商的演化稳定策略，即政府选择积极激励的概率达不到启动点，部分选择再生利用的开发商最终也趋于推倒重建。

开发商的复制动态相位图如图 5.3 所示。图 5.3 表明政府选择积极激励的比例高于某一特定值时，政府与开发商选择再生利用的比例会逐渐收敛于 1；政府选择积极激励的比例低于某一特定值时，政府与开发商选择再生利用的比例会逐渐收敛于 0。

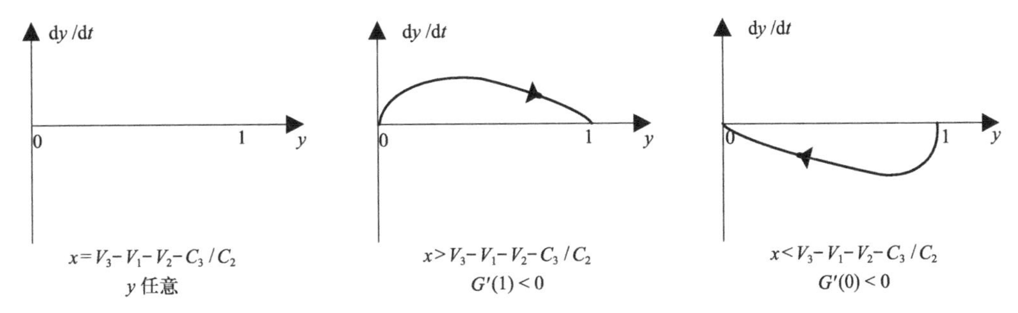

图 5.3　开发商的复制动态相位图

3）系统整体分析

政府和开发商对于旧工业建筑再生利用博弈的演化可由上述两个复制动态方程组成的系统来描述。通过上述分析可知整个博弈系统在平面 $\{(x, y)、0 \leqslant x、y \leqslant 1\}$ 上存在的五个局部均衡点：$E_1(0, 0)$、$E_2(0, 1)$、$E_3(1, 0)$、$E_4(1, 1)$、$E_5(x^*, y^*)$。根据 Friedman 的理论，通常可由该系统的雅可比（Jacobi）矩阵局部稳定性来分析得到一个由微分方程描述的群体动态，博弈群体动态系统对应雅可比矩阵的行列式和迹如果满足 $\det \boldsymbol{J}>0$ 且 $\operatorname{tr} \boldsymbol{J}<0$，那么该均衡点就是演化稳定均衡点。对 $\frac{\mathrm{d}x}{\mathrm{d}t}$ 和 $\frac{\mathrm{d}y}{\mathrm{d}t}$ 分别关于 x 和 y 求偏导，可得该系统的雅克比矩阵：

$$\boldsymbol{J}=\begin{bmatrix} a_{11} & a_{12} \\ a_{21} & a_{22} \end{bmatrix}=\begin{bmatrix} \partial \frac{\mathrm{d}x}{\mathrm{d}t}/\partial x & \partial \frac{\mathrm{d}x}{\mathrm{d}t}/\partial y \\ \partial \frac{\mathrm{d}y}{\mathrm{d}t}/\partial x & \partial \frac{\mathrm{d}y}{\mathrm{d}t}/\partial y \end{bmatrix}$$

$$=\begin{bmatrix} (1-2x)[y(R_1-C_2-R_2)-C_1] & (x-x^2)(R_1-C_2-R_2) \\ C_2(y-y^2) & (1-2y)(xC_2+V_1+V_2+C_3-V_3) \end{bmatrix}$$

$\boldsymbol{J}$ 的行列式为 $\det \boldsymbol{J}=a_{11}a_{22}-a_{12}a_{21}$，迹为 $\operatorname{tr} \boldsymbol{J}=a_{11}+a_{22}$。将局部均衡点 $E_1(0, 0)$、$E_2(0, 1)$、$E_3(1, 0)$、$E_4(1, 1)$、$E_5(x^*, y^*)$ 代入 a_{11}、a_{12}、a_{21}、a_{22} 得出具体取值情况如表 5.7 所示。

五个局部均衡点处取值情况　　**表 5.7**

序号	均衡点	a_{11}	a_{12}	a_{21}	a_{22}
1	$E_1(0, 0)$	$-C_1$	0	0	$V_1+V_2+C_3-V_3$
2	$E_2(0, 1)$	$R_1-C_2-R_2-C_1$	0	0	$-(V_1+V_2+C_3-V_3)$
3	$E_3(1, 0)$	C_1	0	0	$C_2+V_1+V_2+C_3-V_3$
4	$E_4(1, 1)$	$-(R_1-C_2-R_2-C_1)$	0	0	$-(C_2+V_1+V_2+C_3-V_3)$
5	$E_5(x^*, y^*)$	0	λ_1	λ_2	0

其中，$\lambda_1=\frac{(V_3-V_1-V_2-C_3)(C_2-V_3+V_1+V_2+C_3)(R_1-C_2-R_2)}{C_2^{\ 2}}$，$\lambda_1=\frac{C_1(R_1-C_2-R_2-C_1)}{(R_1-C_2-R_2)^2}$。

在一个离散系统里当且仅当 det $\boldsymbol{J}>0$、tr $\boldsymbol{J}<0$ 时，该均衡点为 ESS 稳定。在 $E_5(x^*, y^*)$ 处，tr $\boldsymbol{J}=0$，不满足 tr $\boldsymbol{J}<0$ 的条件，所以 $E_5(x^*,y^*)$ 肯定不是演化稳定均衡点。由表 5.7 可看出上述五个平衡点的稳定性受（$R_1-C_1-C_2-R_2$）和（$V_1+V_2+C_3+C_2-V_3$）大小的影响。具体可分为以下四种情况：

①第一种情况：当 $V_1+V_2+C_2+C_3-V_3<0$，$R_1-C_1-C_2-R_2<0$ 时，即政府和开发商都支持旧工业建筑再生利用的预期收益小于其推倒重建的收益时，雅可比矩阵的稳定性见表 5.8。

第一种情况时博弈双方的雅克比矩阵稳定性分析 **表 5.8**

$V_1+V_2+C_2+C_3-V_3<0$，$R_1-C_1-C_2-R_2<0$				
序号	均衡点（x, y）	det $\boldsymbol{J}$ 的符号	tr $\boldsymbol{J}$ 的符号	稳定性
1	(0, 0)	+	−	ESS
2	(0, 1)	−	不确定	鞍点
3	(1, 0)	−	不确定	鞍点
4	(1, 1)	+	+	不稳定点

②第二种情况：当 $V_1+V_2+C_2+C_3-V_3<0$，$R_1-C_1-C_2-R_2>0$ 时，即开发商的预期收益小于推倒重建的收益，政府支持旧工业建筑再生利用的收益大于推倒重建的收益时，雅可比矩阵的稳定性见表 5.9。

第二种情况时博弈双方的雅克比矩阵稳定性分析 **表 5.9**

$V_1+V_2+C_2+C_3-V_3<0$，$R_1-C_1-C_2-R_2>0$				
序号	均衡点（x, y）	det $\boldsymbol{J}$ 的符号	tr $\boldsymbol{J}$ 的符号	稳定性
1	(0, 0)	+	−	ESS
2	(0, 1)	+	+	不稳定点
3	(1, 0)	−	不确定	鞍点
4	(1, 1)	−	不确定	鞍点

③第三种情况：当 $V_1+V_2+C_2+C_3-V_3>0$，$R_1-C_1-C_2-R_2>0$ 时，即开发商选择旧工业建筑再生利用的预期收益大于推倒重建的收益，政府积极激励旧工业建筑再生的收益小于消极激励的收益时，雅可比矩阵的稳定性见表 5.10。

第三种情况时博弈双方的雅克比矩阵稳定性分析　　　　表 5.10

$V_1+V_2+C_2+C_3-V_3>0$，$R_1-C_1-C_2-R_2<0$				
序号	均衡点（x, y）	det J 的符号	tr J 的符号	稳定性
1	(0, 0)	+	−	ESS
2	(0, 1)	−	不确定	鞍点
3	(1, 0)	+	+	不稳定点
4	(1, 1)	−	不确定	鞍点

④第四种情况：当 $V_1+V_2+C_2+C_3-V_3>0$，$R_1-C_1-C_2-R_2>0$ 时，即政府积极激励的收益大于消极激励的收益且开发商支持旧工业建筑再生利用的预期收益大于其推倒重建的收益时，雅可比矩阵的稳定性见表 5.11。

第四种情况时博弈双方的雅克比矩阵稳定性分析　　　　表 5.11

$V_1+V_2+C_2+C_3-V_3>0$，$R_1-C_1-C_2-R_2<0$				
序号	均衡点（x, y）	det J 的符号	tr J 的符号	稳定性
1	(0, 0)	+	−	ESS
2	(0, 1)	+	+	不稳定点
3	(1, 0)	+	+	不稳定点
4	(1, 1)	+	−	ESS
5	(x^*, y^*)	−	0	鞍点

由表 5.8、表 5.9、表 5.10 可知，当开发商支持旧工业建筑再生利用的预期收益小于推倒重建的收益或政府选择积极激励的收益小于消极激励的收益时，该系统存在 4 个局部均衡点，(0，0) 是其唯一的演化均衡点，即政府选取消极激励，开发商选择推倒重建。由表 5.11 分析可知，当政府选择积极激励的预期收益大于消极激励的预期收益且开发商选择再生利用的收益大于推倒重建的收益时，该系统存在 5 个局部均衡点，且有两个演化稳定均衡点（0，0）和（1，1），分别表示政府和开发商都支持或都不支持再生利用的演化稳定均衡。

政府与开发商双方博弈的动态演化过程如图 5.4 所示，在前三种情况下（对应前三个图），相位图的演化只能到（0，0），无论如何不会演化至（1，1），第四种情况（对应第四个图），有可能演化至（0，0），亦有可能演化至（1，1），主要取决于初始状态所处的位置。若该系统初始状态处于正方形区域左下方Ⅰ、Ⅳ区域时，该系统则会演化至（0，0），若该系统初始状态处于正方形区域右上方Ⅱ、Ⅲ区域时，该系统则会演化至（1，1），由图可知，Ⅰ、Ⅳ区域与Ⅱ、Ⅲ区域的大小主要由不稳定点与鞍点的连线决定。因此，政府若想激励开发商参与旧工业建筑再生利用项目，应采取策略减小Ⅰ、Ⅳ区域的面积，增大Ⅱ、Ⅲ区域的面积，但我国旧工业建筑再生利用处于发展阶段，若想达到既定的均衡状态，仍需长时间的不断博弈。

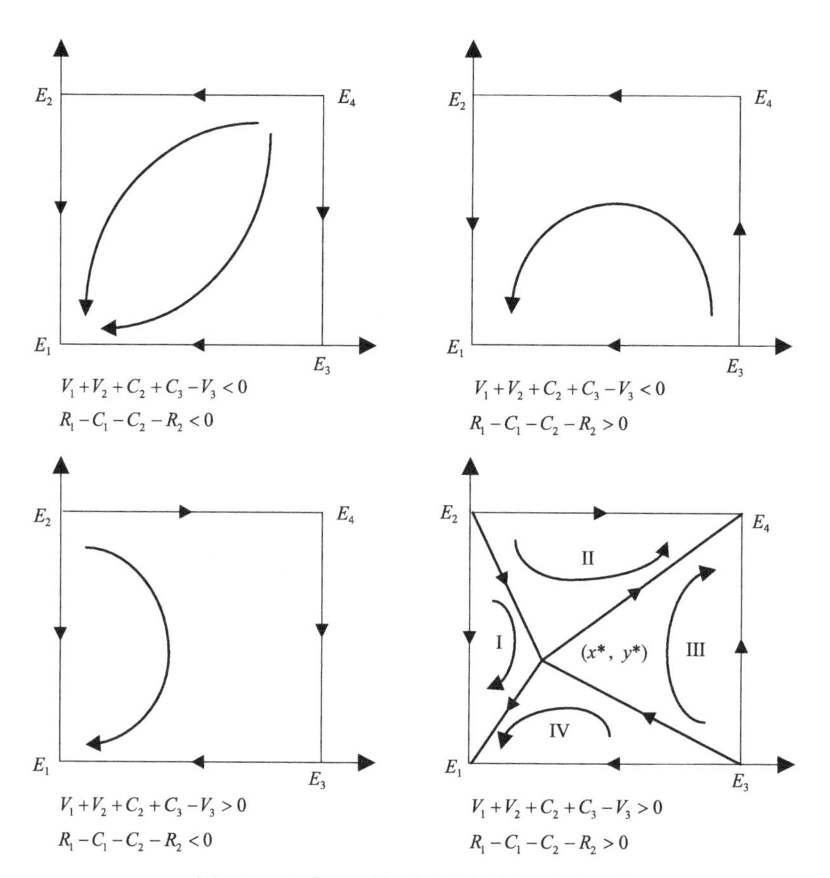

图 5.4　四种不同情况下的系统相位演化图

5.3.3　演化博弈模型参数分析

由系统的演化可知，只有当 $V_1+V_2+C_2+C_3-V_3>0$，$R_1-C_1-C_2-R_2>0$ 时，政府才有可能达到政府选择积极激励再生利用，开发商选择再生利用的帕累托最优状态，且政府选择积极激励的概率和开发商选择再生利用的概率均为非负数，即 $x^*\geqslant 0$，$y^*\geqslant 0$，则 $R_1-C_2-R_2\geqslant 0$ 有且 $V_3-V_1-V_2-C_3\geqslant 0$，联合各条件得政府对旧工业建筑再生利用相关标准、政策的制定及推行成本 C_1 应至少满足 $C_1>0$；政府对旧工业建筑再生利用的经济激励成本 C_1 应至少满足 $V_3-V_1-V_2-C_3<C_2\leqslant R_1-C_1-R_2$。

政府相关标准、政策的制定及推行成本 C_1，经济激励成本 C_2 满足上述条件时，该系统存在（0，0）与（1，1）两个演化稳定均衡点，且演化博弈对初始状态具有较强的敏感性，其博弈演化路径由初始状态决定。若想达到政府与开发商的帕累托最优均衡状态，则要减小鞍点（x^*，y^*）的值以增大演化可以达到（1，1）点的初始状态的范围，演化博弈模型中具体参数分析如表 5.12 所示。

为使政府与开发商达到均衡状态的措施　　表 5.12

序号	参数	改进措施
1	V_1	增大开发商对再生利用的预期经济收益
2	V_2	增大开发商对再生利用的声誉及品牌效益
3	R_1	增大政府采取积极激励下政府的经济、社会、环境及文化效益
4	R_2	减小政府消极激励下部分开发商选择再生利用所带来的政府收益
5	C_2	增大政府对再生利用的经济激励，但不超过预期收益
6	C_1	政府应减小相关标准、政策的制定及推行成本

5.4　激励机制对策及建议

5.4.1　完善激励相关政策法规

（1）建立激励相关法律体系

我国目前有关旧工业建筑再生利用激励体系的法律法规尚有待完善。虽然部分地方政府出台一系列相关文件，但是并没有形成完整的法律体系。首先，我国需要一部国家层面颁布的有关旧工业建筑再生利用激励制度的法律法规，作为再生利用激励法律法规体系的基础。其次，各省市根据自身区域情况及旧工业建筑特点，出台适合本区域情况的激励相关法律法规。激励相关法律体系的建立，应能够解决再生利用项目激励制度制定进行过程中出现的问题，如激励目标的设立、激励手段的选择、激励强度的确定等。

（2）优化相关政策法规

在建立完善的激励相关法律体系的情况下，政府还要深入设计每一部具体激励相关法律法规及各项政策，来优化旧工业建筑再生利用产业的政策法规。例如可以高效地运用经济鼓励、减少税收等相关政策制度，保证开发商的参与热情，引导其投身于再生利用项目中；可以建立专项基金，对再生利用项目提供财政性资金支持；加大政策宣传力度，通过不同的传媒方法让再生利用的理念更加深入人心，唤醒社会大众的工业记忆；完善相关土地制度，使得旧工业建筑工业用地的尴尬属性不再成为难题。

5.4.2　合理发挥政府和开发商的职能作用

（1）明确政府的主导作用

为了旧工业建筑再生利用项目发展的平衡性，政府需要明确自身应该处在主导的位置，更应该明确其在推动再生利用事业中应承担的责任。旧工业建筑再生利用项目有利于转化社会闲置资产，但建造成本及风险方面相对于一般建设项目处在劣势地位，可能导致开发商的积极性很难被调动。要想将推广旧工业建筑再生利用从“喊口号”发展到让开发商自觉自愿参与项目，只能通过优化现行盈利模式，为开发商带来经济收益，才可能提高开发商积极性。

在实际项目进行过程中，政府在承担社会事务的同时，应做到使其在经济、社会及生态等方面协调发展。例如进行市场监察，推进社会管理等。对于目前我国旧工业建筑再生利用产业还尚未成熟这一情况，政府的主要职能应该从获取利益到为社会服务转变，坚持推动社会朝更远的方向发展，在适当时候应该能够放弃一些眼前利益，以激励相关企业可以更好地完成这一任务，从而实现更多的社会效益。政府作为这一任务的主要导航人，首先需要弄清楚自己的定位，从而有利于政府和企业共同获得发展。

（2）强化开发商的配合作用

旧工业建筑再生利用项目花费巨大，只依靠政府的财政拨款难以维继，所以开发商参与再生利用项目具有重要意义。开发商的投资参与既缓和了政府的财政压力，又为再生利用项目注入了新的活力。

项目进行过程中，可能存在开发商配合度较低的问题，如开发商参与项目积极度不高、投资热情减退等情况。这时，需要政府采取相应的激励措施，如提高激励强度、加强财政补贴、书面表彰等方式，以提高开发商配合度，保证再生利用项目平稳安全运行。

5.4.3 推行多维目标激励模式

（1）转变单纯追求经济利益观念

政府对于旧工业建筑再生利用项目规划有时并不完善，可能会过多地注重经济的发展和 GDP 的增加，而忽视了非经济指标的完善和发展，因此，若要取得根本性的转变就需要从根本上改变一味地追求经济增长的落后观念。激励制度的建设需要更加科学、合理、客观的标准，需要更加关注社会效益和环境效益，将这些工作作为重要指标，以此来判断相关责任人的晋升和奖惩，做到有法可依、程序合理、有效监督。在这种观念下，政府才能够更好地进行社会服务，开发商才能更好地参与项目建设，从而使旧工业建筑再生利用项目的推进更加顺利。

（2）制定更加完备的激励制度

激励制度的制定需要激励主体、激励手段、激励目标、激励强度四大要素融合统一，但目前我国某些再生利用项目进行过程中，激励制度的制定却忽视了其中的一个甚至几个部分，即存在激励目标缺失，激励手段不明确，激励强度混乱等情况。对此，政府在制定再生利用项目激励制度时需要从四大要素出发，缺一不可。

第6章 旧工业建筑再生利用利益分配决策

现阶段再生利用项目在开展前期，各参与方利益冲突明显，由冲突协调不足引发利益谈判破裂进而导致项目搁浅的情况频频发生。因此，亟需建立旧工业建筑再生利用利益分配决策系统，着重解决各方利益冲突并制定出合理的利益分配方案。本章从利益分配基础分析、博弈模型构建解析以及利益分配对策建议这几方面出发，为旧工业建筑再生利用利益分配决策的建立奠定基础。

6.1 利益分配决策基础

6.1.1 利益主体分析识别

利益是旧工业建筑再生利用项目中最敏感也是最受关注的问题，利益主体则是再生利用项目的主要推进者与受益人，对项目影响深远，因此利益主体的识别至关重要。利益主体的识别步骤可分三步展开，首先通过对项目所涉及的所有利益相关者进行统计，确定分析样本，然后采用文献分析法和实地调研的数据整理对所统计的样本进行筛选，最后在此基础上利用社会网络分析法（Social Network Analysis）进一步识别出项目利益主体，为后续的利益决策打下基础。

（1）利益相关者初步确定

通过文献分析与实地调研，对旧工业建筑再生利用项目的利益相关者进行汇总，包括：政府、开发商、原企业、研究者、第三方融资机构、社会公众、附近居民、咨询机构等。

（2）关系强度确定

通过与专家深度访谈，进行利益相关者之间关系强度值的确定。访谈对象包括项目负责人、政府工作人员、研究学者等10位专家。专家根据相关工作经验对利益相关者之间的关系进行打分，规则为：不存在关系时，得分为0；有n种关系，得分为n（最高为5分）；各关系之间不存在重要程度的不同。由此得出邻接矩阵，如表6.1所示。

（3）社会网络模型建立

应用UCINET6.0软件处理表6.1中的矩阵数据，采取中心性分析法确定各利益相关者联系度节点大小，再利用软件生成利益相关者社会网络模型，如图6.1所示。由图可知政府、开发商和原企业在模型中位于较为中心的位置，与其他利益相关者联系较多，且影响力较大，因此将三者作为项目利益主体。

投资决策阶段利益相关者关系强度邻接矩阵　　表 6.1

利益相关者	政府	开发商	原企业	研究者	第三方融资	社会公众	附近居民	咨询机构
政府	0	5	3	1	4	1	1	5
开发商	5	0	5	1	5	1	1	4
原企业	3	5	0	1	3	1	1	2
研究者	1	1	1	0	2	0	0	1
第三方融资机构	4	5	3	2	0	0	2	4
社会公众	1	1	1	0	0	0	0	1
附近居民	1	1	1	0	2	0	0	0
咨询机构	4	5	2	1	4	1	0	0

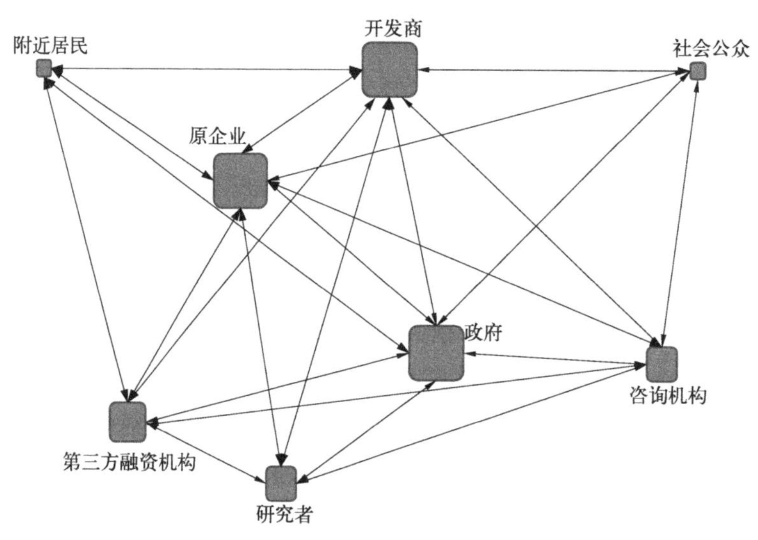

图 6.1　投资决策阶段利益相关者的社会网络模型

6.1.2　利益主体角色与诉求分析

利益诉求的表现形式为各主体为保障自身权益而提出的一系列要求，为保证旧工业建筑再生利用利益机制平稳运行，需调解各利益主体之间的矛盾，保障各利益主体的权益。通过对全国 19 个城市 104 个旧工业建筑再生利用项目展开深入的调研工作，对项目相关的城市管委会、土地局、项目开发商、原企业、入驻商家等单位及专家进行访谈，总结出政府、开发商、原企业三方利益主体对旧工业建筑再生利用的利益诉求如表 6.2 所示。

政府、开发商、原企业利益诉求　　表 6.2

利益主体期望效益		政府	开发商	原企业
经济效益	土地增值收益	✓	✓	
	区域经济发展	✓		
	运营所得租金		✓	

续表

利益主体期望效益		政府	开发商	原企业
经济效益	改造完成收益	✓	✓	
	安置补偿费用			✓
	吸引外来资金	✓		
环境效益	充分利用既有资源		✓	
	减少建筑垃圾产生	✓		
社会效益	增加就业机会	✓		✓
	完善基础设施	✓	✓	
	文化保护传承	✓		

(1) 政府角色与诉求分析

政府作为旧工业建筑再生利用的倡导者和组织者，主要通过政府行政决策权决定旧工业建筑再生利用的方式和必要性。政府对市场的干预和宏观调控在很大程度上会通过对土地和房屋的政策制定来实现，同时作为再生利用项目的动力主体，对开启项目土地流转手续、吸引社会资源以及平衡参与方利益诉求等方面具有推动作用。

政府自身的诉求有两方面，一方面政府代表的是社会公众和公共利益的最大化，通过对旧工业建筑的再生利用来达到城市更新改造的目的，除此之外，拉动经济快速增长、城市可持续发展的进一步促进也是目的之一。另一方面，政府对旧工业建筑再生利用进程的加快，有助于改善城市的产业结构和环境，增加自己的政绩。

(2) 开发商角色与诉求分析

开发商是项目的策划者以及运营者，在政府引导型的开发模式中处于主动地位，在政府主导型的开发模式中则侧重于配合。开发商的作用一方面是积极配合政府工作，按照政府对项目的区域定位进行建设方案调整，并向政府报备计划开发方案，同时寻求优惠政策、专项资金扶持以及区域宣传等相关资源倾斜；另一方面则是按照市场经济规律，选择其认为的最佳计划方案，投入资金以及相关技术管理人才来追求经济利益最大化。

开发商对再生利用项目的利益诉求主要有四个方面：①建立良好企业形象，扩大企业社会影响力；②与政府建立良好合作关系，以利于今后资源的倾斜；③通过参与再生利用项目发掘新的商机，拓展企业盈利的多元化方式，增加在商业竞争中的抗风险能力；④获得丰厚的经济收益。其中获得直接经济收益是开发商的最大诉求，也对开发商的决策行为影响最为直接。

(3) 原企业角色与诉求分析

原企业是项目运行中的执行者和推动者。原企业对项目再生利用进程具有重要的影响，原企业的积极配合能够大大减少项目再生利用时间及经济成本，同时部分原企业在项目立项之初以投资建设或者股权投入形式参与项目筹建，采取此方法延续了对项目的管理决策，缓解了项目资金压力并加速了项目再生利用进程。

原企业的利益诉求主要可归纳为三个方面：①合理的安置补偿方案以及有效的方案执行力；②当入股参投再生利用项目时，获得后期土地增值效益以及项目分红；③最大限度保持原貌的再生利用以满足原企业职工的情感寄托。其中安置补偿方案的制定落实是原企业的主要利益诉求，方案所涉及货币化补偿制度以及再就业岗位安置更是诉求的重中之重。

6.1.3 利益主体冲突分析

（1）政府与开发商冲突分析

在再生利用过程中，地方政府与开发商为对立合作关系，双方在土地出让金、优惠政策制定、项目发展定位以及区域经济带动等方面存在矛盾冲突，因为都以利益最大化为基本原则，从而容易陷入僵持状态。开发商希望从政府层面得到低成本的建设用地、高投资价值的区位建设条件、优厚的开发补贴以及稳定持续的政策配套，而政府则意图通过高额的土地出让金缓解财政压力，扶持特定产业增强经济发展的全面性，例如推动文化产业的发展，以及经济增长后带来可观的税收收入。总体来讲是以最低的价值付出换取地区经济的平稳发展与财政增长，从而提升自身政绩与影响力，由此便形成了开发商与政府的利益冲突。

（2）政府与原企业冲突分析

政府与原企业的利益冲突主要集中在职工安置补偿方案与土地产权的界定这两方面。原企业方希望政府承担社会责任，对职工提供不低于社会平均水平的安置配套，解决职工在企业破产或转型后的就业问题。而政府则希望在稳定职工情绪的同时，发挥职工的个人积极性和开发商的社会职能，自主化解就业安置矛盾，减轻自身财政负担。在原企业土地产权界定方面，由于市场的长期发展演化造就了工业用地复杂的产权关系，产权边界不清晰造成相关权益无法协调，进而成了制约项目再生利用及进程的矛盾之一。

（3）开发商与原企业冲突分析

开发商与原企业的利益冲突则集中在安置补偿方案以及项目的参与性两方面。在安置补偿方案的制定实施过程中，涉及的补偿资金总额、发放规则、安置补偿人数范围以及再就业职位规划方案等是双方角力的冲突点，如何确定一个双方均可接受的平衡点是解决问题的关键。对再生利用项目的参与性方面，部分原企业入股再生利用项目希望获得管理权的延续，从而参与到项目管理的日常决策，而开发商则希望在给予原企业入股分红的同时能够独立高效地进行决策管理。

通过对 104 个全国旧工业建筑再生利用项目的实际走访调研，通过现场采访法、问卷调查法、文献分析法等对参与主体间存在的利益冲突进行归类总结，对数据进行剔除筛选，并进一步处理数据可得图 6.2 和图 6.3。

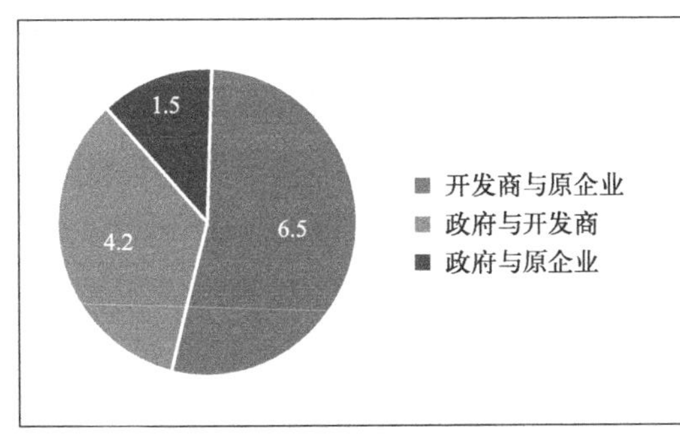

图 6.2　利益冲突对象

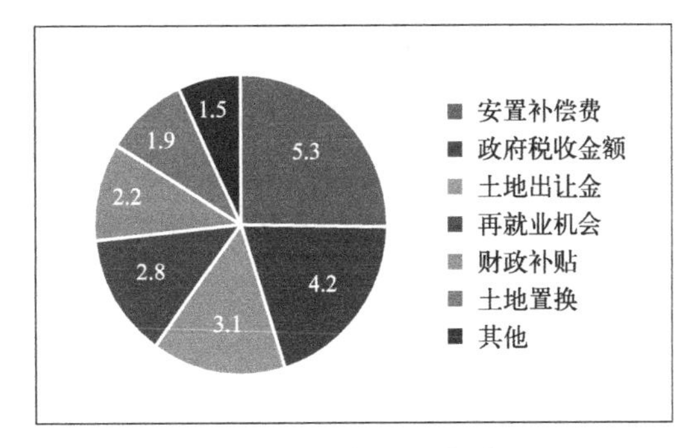

图 6.3　利益冲突类别

可知当前旧工业建筑再生利用过程中，利益冲突主要集中在开发商与原企业之间关于安置补偿费用的矛盾纠纷以及政府与开发商在税收金额方面是否达成共识。

6.1.4　利益分配决策

旧工业建筑再生利用项目分配决策的最终目的是解决各利益主体的利益分配失衡问题，提出一个最佳的分配方案保障项目的顺利推进。为保证分配方案的合理性，需从问题产生的背景、分配考虑的依据以及利益主体间的制约关系入手，梳理出矛盾集中点，进而根据其特点选择恰当的分析理论构建分配决策模型。

（1）分配决策背景

一个新的利益分配格局与旧工业建筑再生利用项目立项同时形成，接下来，制定合理的利益分配方案就成为项目合作伙伴关系成功运行的关键。由于项目的最终利益决定于各利益主体的资金投入、风险分担、努力程度以及监督力度这四方面，且在过程中其利益目标的达成存在利益冲突，因此利益分配决策就成为一个关键的问题。

（2）分配决策依据

利益分配决策的主要依据是各分配主体的资源投入程度以及行动付出的执行效果。对于政府方面，主要以其建立健全相关政策制度，招商引资的宣传、流程审批的推动以及专项资金的投入扶持等行动的执行效果作为决策依据。对于开发商则以其对项目建设资金的投入力度，对原企业职工的安置补偿和下岗再就业以及后期园区的运营管理等责任落实情况作为决策依据。原企业则主要以其对项目再生利用的支持推进，配合政府进行土地使用权转让及历史遗留问题清算，配合开发商进行厂区建设工作，甚至入股参与园区筹建以及后期的运营管理等行动落实效果作为决策依据。包括其他参与方对项目不同形式的支持，这些都需在项目最终的利益分配决策中考虑，将各参与方的资源投入量化后根据综合影响效果公平分配。

（3）分配决策主体

旧工业建筑再生利用项目利益分配决策主要涉及政府、开发商和原企业三方利益，只有保证各条件成熟完善和三方利益均衡才能使再生利用项目顺利开展。而利益均衡的关键在于协调三方的利益博弈关系，这对旧工业建筑（群）再生利用的前期开展和最后的顺利完工至关重要。对利益诉求与冲突的分析后，进一步总结旧工业建筑再生利用利益主体行为之间的相互依存、制约、影响方式如图 6.4 所示。

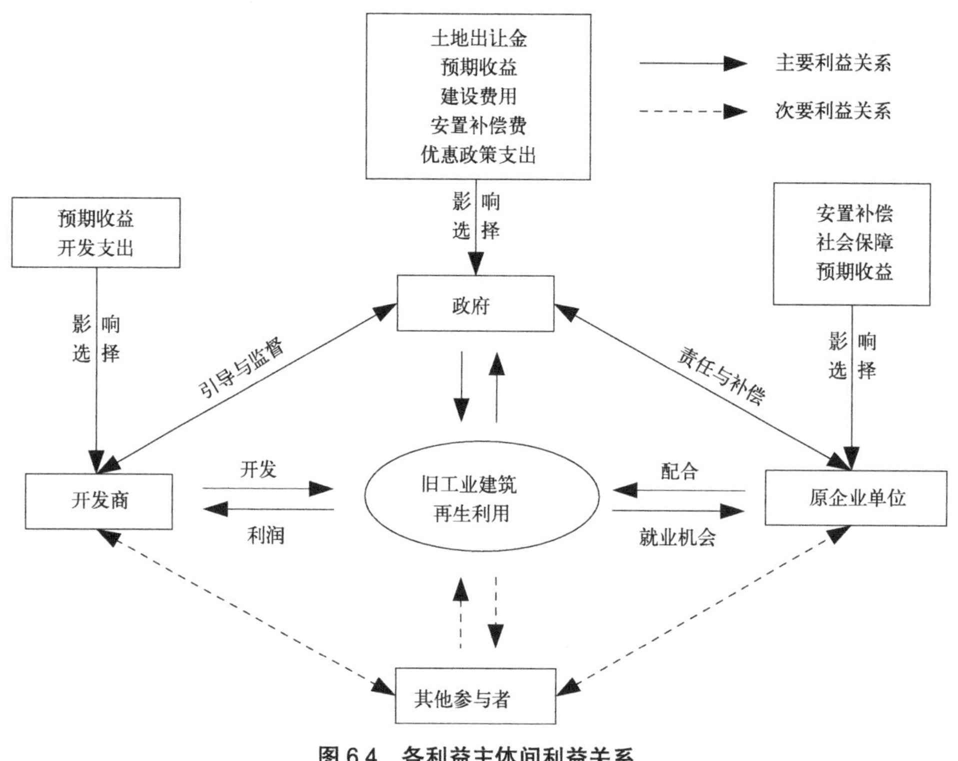

图 6.4　各利益主体间利益关系

(4) 分配决策模型

为解决政府、原企业及开发商在决策过程中的矛盾冲突，需结合旧工业建筑再生利用实际情况选择适当的分配决策方法。从博弈论的角度研究旧工业建筑再生利用利益机制，一方面可从本质找出项目参与各方的利益平衡点，有效解决各方的利益冲突，满足各方利益最大化；另一方面，在各种类型的再生利用项目理论研究匮乏的情况下，可推进旧工业建筑再生利用理论体系的建立健全。

建立不完全信息下的旧工业建筑再生利用博弈模型，以保证在已知特定信息的情况下策略选择最优；建立基于谈判理论的合作博弈模型以保证在协调利益冲突的情况下最终利益分配合理。依据旧工业建筑再生利用项目自身特性，结合博弈理论关于不完全信息下以及基于谈判理论合作博弈模型结构的一般规定，建立两阶段博弈模型。通过采集的样本对模型进行实例运算，并进行大量样本的验证及模型调试工作，保证模型的稳定性和可靠性。由此可得到旧工业建筑再生利用的利益分配决策流程如图 6.5 所示。

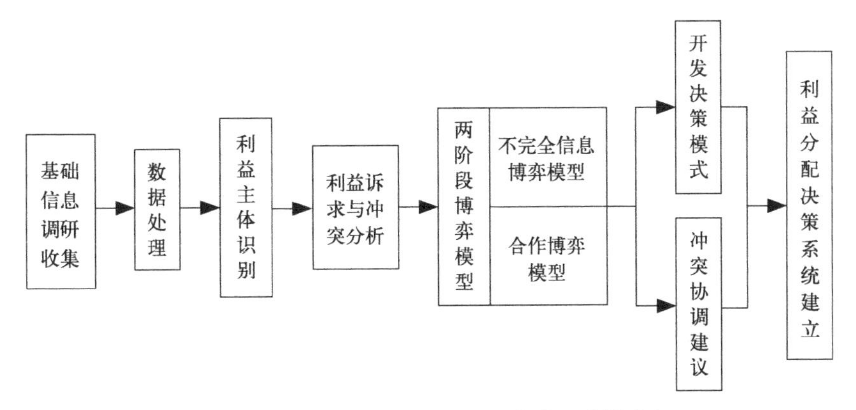

图 6.5　旧工业建筑再生利用利益分配决策流程

6.2　利益分配决策分析

6.2.1　利益分配运行机制

政府、开发商与原企业三方在初期合作意愿达成后，如何进行项目利益分配便成了谈判重点，探寻合理的利益分配方案是保证达成长久合作的前提，同时该过程也是多方角力的冲突点。通过对分配方案运行机制进行梳理，细化方案制定与实施步骤，根据参与方在各步骤间利益诉求侧重点的不同，逐个进行协调平衡，最终形成利益分配决策初步方案。

通过对再生利用项目调研，分析其利益分配模式现状及不足后归纳其利益分配方案运行机制，步骤如图 6.6 所示。

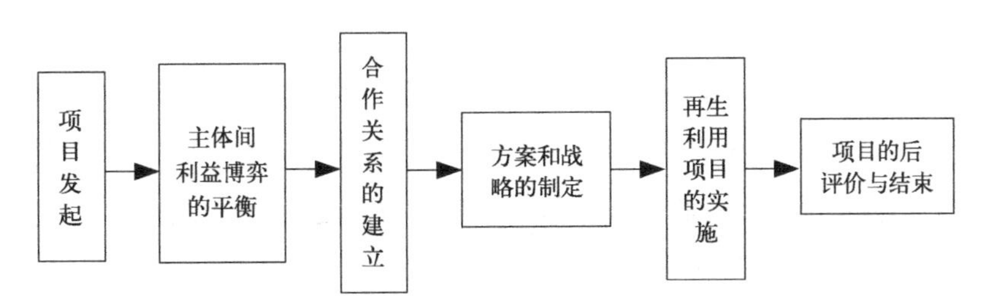

图 6.6　旧工业建筑再生利用利益分配运行步骤

（1）项目发起

发起者对项目进行调查，明确再生利用原因、项目定位、再生利用优劣势以及方案可行性，梳理项目参与方并识别相关利益主体；项目发起者一般为政府，负责土地产权界定，优惠政策扶持以及招商引资等工作。开发商主导再生利用项目建设，在前期投入一定资金聘请专业机构对项目进行调研，拟定初步再生利用实施方案并报备政府审核，原企业前期主要负责配合政府与开发商的合作。

（2）主体间利益博弈的平衡

政府、开发商和原企业三方利益主体在“策略相互依存”的情况下相互博弈，通过建立三方的收益函数，在不完全信息博弈模型下进行转换，计算出理想状态下三方的利益纳什均衡值，随后将三方的利益冲突量化进行无限讨价还价博弈模拟，最终求解出实际过程中三方利益分配平衡值，三方以此为谈判底线进行合作关系的建立以及再生利用策略的选择。

（3）合作关系的建立

一般由政府牵头，开发商、原企业以及其他参与方成立多主体合作关系。合作建立步骤：①通过讨论和对话的形式评估在再生利用过程中各自的需求和要承担的责任，明确各方需投入建设资源的规模和范围，建立信任打造合作基础；②签订正式的行动纲领，分配各合作方的工作目标和任务，制定项目的领导班子、管理组织以及决策和协调模式；③制定再生利用的计划和战略，在运行过程中及时地进行评估、调整。

（4）方案和战略的制定

再生利用方案的不断修正和完善是保证各合作方利益最大化的主要途径。政府重点解决土地出让金、优惠政策出台扶持、再生利用项目发展定位以及土地产权界定工作。原企业主要配合职工安置方案落实以及项目建设，若参与项目开发融资，需制定管理制度将管理权力规范化。开发商负责引进开发资源，根据政府区域规划以及原企业利益诉求制定合理规划设计方案，基于市场规律调节土地出让金额、安置补偿费用以及运营收入分红。利益决策方案初步成形后，对里程碑式的节点成果进行评估，依据当前现状及时修正战略目标。

（5）再生利用项目的实施

实施过程需各参与方协同合作，充分调动自有资源并严格按照合同中相关责任划分，根据时间节点按时完成各自工作，同时积极配合开发商后期宣传以及资源引进工作的开展。在多方协同合作范围内加强质量、成本、进度、市场等目标的控制，及时向项目参与方反馈进度、运营及收益报表，运营节点中检验利益分配方案的三方满意度，并通过不断调整开发运营节奏以及营收分配比例来达到利益分配的动态平衡。

（6）项目的后评价与结束

项目完成后聘请有资质的咨询机构对项目的利益决策方案实施效果进行后评价，并将其结果作为考核地方政府政绩、开发商运营实力与信用等级、原企业社会效益贡献的一项指标。同时，及时分析整合区域内旧工业建筑再生利用项目的实施经验和效果，定期生成汇报材料报送政府管理部门以及时修订和完善相关法律法规。

6.2.2 不完全信息下博弈模型构建

政府、原企业与开发商在再生利用过程中如何进行自身的博弈策略选择，政府是选择主导改造还是引导改造，原企业是选择支持改造还是不支持改造，以及开发商是选择参与改造还是不参与改造，选择哪种策略组合对于政府、原企业和开发商来说能够满足在利益均衡条件下的利益最大化，需要通过模型的构建来解决。由于项目局中人之间的信息不透明和不对称，为寻求局中人收益的纳什均衡，需建立不完全信息下的旧工业建筑再生利用博弈模型。由于项目参与者对博弈结构、参与者类型、收益等信息的不完全掌握，因此采用不完全信息动态博弈分析，通过豪尔绍尼转换构造统一的概率模型，并运用贝叶斯原则进行分析计算。根据先验概率、数据信息及贝叶斯公式得到后验概率，不断修正主观概率值，满足序贯理性，以得到局中人利益的最优策略选择，从而实现各参与者期望效用的最大化，研究思路如图 6.7 所示。

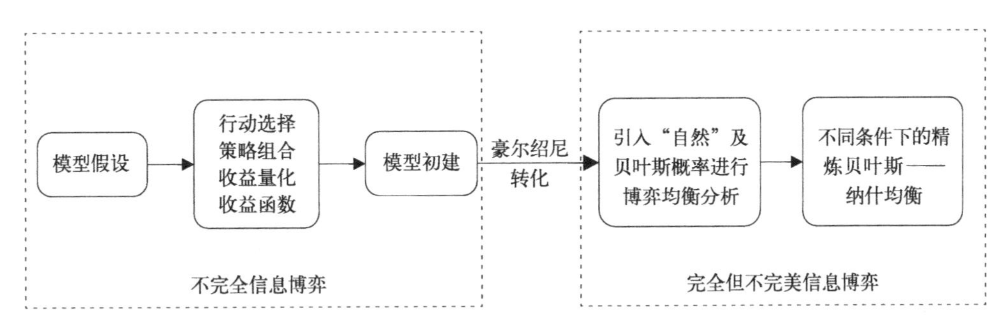

图 6.7　研究思路

政府、开发商和原企业的利益均衡是旧工业建筑再生利用项目投资决策阶段顺利运行的关键。所以，必须保证该阶段各利益主体利益博弈关系的协调，这对旧工业建筑再生利用的前期开展和最后的顺利完工至关重要。

（1）模型假设

假设 1：三个参与者，参与者Ⅰ为政府，参与者Ⅱ为开发商，参与者Ⅲ为原企业。参与人集合 $N=\{g, c, d\}$，g 表示政府，d 表示开发商，c 表示原企业。

假设 2：参与者均为理性人，追求效益最大化。

假设 3：开发商和原企业均追求自身效益最大化，不考虑社会及环境效益。政府作为社会发展的推动者，不仅会考虑自身的经济效益，更要考虑社会效益及环境效益。

假设 4：若原企业不支持，意为原企业仍需自主经营，博弈直接结束。

（2）行动空间

政府、原企业与开发商行动空间选择如表 6.3 所示。

（3）博弈策略

策略是博弈方为保证自身利益最大化可选择的全部行为的集合。旧工业建筑再生利用博弈方在策略选择上有一定的先后顺序为不完全信息动态博弈。用 S_i 表示第 i 个博弈方的策略，$S_i=\{S_i\}$ 表示第 i 个博弈方的所有行动策略的集合，则 $S=\{S_g, S_c, S_d\}$ 为所有旧工业建筑再生利用博弈方的行动策略。政府、原企业与开发商的具体行动策略选择如表 6.4 所示。

各参与者行动空间选择　　表 6.3

参与者	行动空间	
政府	主导改造 （政府在考虑自身效益、财政支付能力、改造预期收益后做出主导，即承担全部改造费用或委托第三方单位）	引导改造 （通过税收优惠、降低土地出让金、贷款贴息、财政补贴、设立专项资金、加大政策宣传力度等方式的决策）
原企业	支持改造 （原企业在评估可获得的安置补偿及利润后做出支持改造，采取全投资及全运营、代建、纯运营支持或股份投入的方式）	不支持改造
开发商	参与改造 （开发商通过预估参与项目的利润空间决定参与改造，采取全投资及全运营、代建、纯运营支持或股份投入的方式）	不参与改造

各博弈方行动策略选择　　表 6.4

博弈方	行动策略	
政府	S_{g1} 表示“主导改造”	S_{g2} 表示“引导改造”
原企业	S_{c1} 表示“支持改造”	S_{c2} 表示“不支持改造”
开发商	S_{d1} 表示“参与改造”	S_{d2} 表示“不参与改造”

（4）收益函数

博弈论中，将一个特定战略组合下参与人获得的确定效用水平或期望效用水平定义为收益。一般用 U_i 表示第 i 人的效用水平。参与各方的收益函数如下：

将上述量化的收益划分定义为总社会收益和总环境收益两部分，总社会收益（包括因城市社会、经济环境的改善和社会的安定、治安的好转，而使得政府威信提高等）为 B_s，总环境收益（包括因既有资源充分利用、场地内资源循环利用等带来的效益）为 B_h，则政府、开发商、原企业三方参与改造时，各自分得的社会收益为 $0.46B_s$、$0.29B_s$、$0.25B_s$，环境收益为 $0.44B_h$、$0.34B_h$、$0.22B_h$；只有政府与原企业合作、开发商不参与时，双方分得的社会效益为 $0.6B_s$、$0.4B_s$，环境收益为 $0.62B_h$、$0.38B_h$。

1）政府的收益函数

在博弈模型中，政府有主导与引导改造两个战略选择，故其收益函数为：

$$U_g=\begin{cases}\varphi(Z)+0.6B_s+0.62B_h-I_1-W,(S_g=S_{g1},S_c=S_{c1},I_1<A)\\ \varphi(Y)+0.6B_s+0.62B_h-I_2,(S_g=S_{g2},S_c=S_{c1},I_2<A)\\ \varphi(Y)+0.46B_s+0.44B_h-I_2,(S_g=S_{g2},S_c=S_{c1},S_d=S_{d1},I_2<A)\end{cases}$$

式中，U_g 为政府选择主导或引导战略时的期望效用函数；$\varphi(Z)$ 为政府主导时的经济收益，$\varphi(Y)$ 为政府引导时的经济收益；I_1 为政府独自承担改造费用时的支付，即政府投资的工程建设费用；I_2 为由开发商支付改造及安置补偿费用，政府提供优惠政策措施、减免城市建设税费征收而支付的费用（$I_1<I_2$）；W 为政府给原企业提供的安置补偿；A 为政府对旧工业建筑再生利用项目的财政最大支出限度。

2）原企业的收益函数

原企业的战略选择分为支持改造和不支持改造两种，收益函数为：

$$U_{\mathrm{c}}=\begin{cases}W+0.4B_{\mathrm{s}}+0.38B_{\mathrm{h}}-N,(S_{\mathrm{g}}=S_{\mathrm{g1}},S_{\mathrm{c}}=S_{\mathrm{c1}})\\V+0.4B_{\mathrm{s}}+0.38B_{\mathrm{h}}-C-N,(S_{\mathrm{g}}=S_{\mathrm{g2}},S_{\mathrm{c}}=S_{\mathrm{c1}})\\0.29B_{\mathrm{s}}+0.34B_{\mathrm{h}}-N,(S_{\mathrm{c}}=S_{\mathrm{c1}},S_{\mathrm{d}}=S_{\mathrm{d2}})\\0,(S_{\mathrm{c}}=S_{\mathrm{c2}})\end{cases}$$

式中，U_{c} 为原企业选择支持改造或不支持改造战略时的效用函数；W 为原企业获得的安置补偿；V 为通过开发旧工业建筑而获得的收益；C 为支付的安置和开发费用，具体包括安置补偿费、开发建设成本、股份投入以及税费缴纳等；N 为原企业不维持原状选择改造可能带来的风险损失。

3）开发商的收益函数

开发商的战略选择分为参与和不参与两种，收益函数为：

$$U_{\mathrm{d}}=\begin{cases}V_1+0.25B_{\mathrm{s}}+0.22B_{\mathrm{h}}-C_1,(S_{\mathrm{d}}=S_{\mathrm{d1}})\\0,(S_{\mathrm{d}}=S_{\mathrm{d2}})\end{cases}$$

式中，U_{d} 为开发商选择参与或不参与改造战略时的期望效用函数；V_1 为开发商通过开发旧工业建筑而获得的收益；C_1 为支付的安置和开发费用，具体包括安置补偿费、开发建设成本以及税费缴纳等。

6.2.3 博弈均衡分析

在博弈模型推演当中，首先由政府做出决策战略，原企业与开发商依次跟进选取。由此得出该博弈的扩展式，如图 6.8 所示。

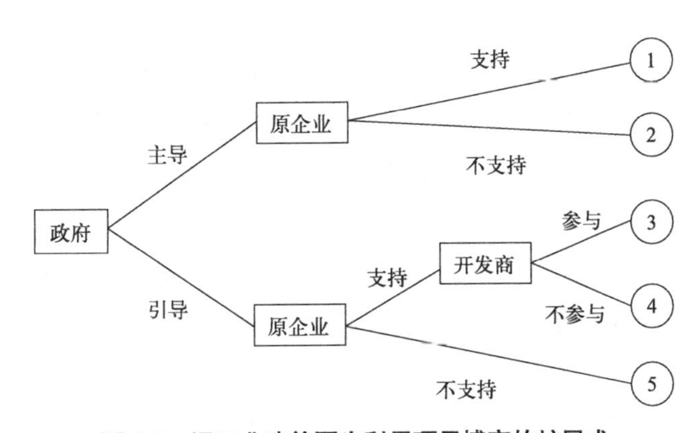

图 6.8　旧工业建筑再生利用项目博弈的扩展式

从以上博弈树可得出，改造模型的5种战略及期望函数，如表6.5所示。

旧工业建筑再生利用参与方收益函数　　表6.5

序数	战略集合	收益		
		政府	原企业	开发商
情形1	S_1（主导、支持）	$\varphi(Z)+0.6B_s+0.62B_h-I_1-W$	$W+0.4B_s+0.38B_h-N$	—
情形2	S_2（主导、不支持）	0	0	0
情形3	S_3（引导、支持、参与）	$\varphi(Y)+0.46B_s+0.44B_h-I_2$	$0.29B_s+0.34B_h-N$	$I_2+V_1+0.25B_s+0.22B_h-C_1$
情形4	S_4（引导、支持、不参与）	$\varphi(Y)+0.6B_s+0.62B_h-I_2+R$	$I_2+0.29B_s+0.34B_h+V-C-N$	0
情形5	S_5（引导、不支持）	0	0	—

由以上分析可知，战略组合S_1为政府承担改造费用，在原企业的支持下（可能以代建、提供改造思路或运营支持等方式）进行改造；战略组合S_3为政府、原企业、开发商三方共同改造旧工业建筑；战略组合S_4为原企业在政府的支持下，自己对其所在的企业进行改造，即原企业自主改造；战略组合S_2（主导、不支持）与S_5（引导、不支持）为原企业选择不支持改造，即无法实施。

对博弈模型应用豪尔绍尼转换，引入“自然”这一虚拟局中人，将一个随机变量赋予每个参与者，该随机变量决定了政府的类型，并且决定了各个类型出现的概率。在博弈期间，自然将根据各参与者类型空间的概率分布为其随机选取一种类型，将不完全信息转变为完全但不完美信息博弈，转换完成后便可以应用完全信息博弈的理论方法进行处理。由于参与人的行动有一定的顺序，后行动者可以预测先行动者的行动，而前行动者只能估计后行动者行动。因此，政府由于自然选择的原因知道自身的战略类型，而开发商和原企业只能得知其战略类型的概率分布。

在建立博弈模型之前，进行相关的假设如下：

（1）模型假设

假设1：引入“自然”这一虚拟参与人，用以选择政府的类型，则该博弈的参与人集合$N=\{n, g, c, d\}$，n表示自然，g表示政府，d表示开发商，c表示原企业。

假设2：政府的类型空间$\Omega=(\theta_{g1}, \theta_{g2})$，$\theta_{g1}$表示“政府最终会主导改造项目”，$\theta_{g2}$表示“政府最终会引导改造项目”。在该模型中认为原企业和开发商对政府的先验概率分布认知是一致的，$P(\theta_{g1})=\theta$，则$P(\theta_{g2})=1-\theta$。

假设3：政府的策略选择取决于效益函数U_g，但U_g本身是无法被其他参与人确定的。

假设4：原企业和开发商都不知道政府的类型，但政府知道原企业和开发商最优策略的选择逻辑。

假设5：政府的策略选择和其类型是相互对应的，选择一致即可获得正效用R，例：

政府的类型为 θ_{g1}，同时选择为 S_{g1}，即可树立声誉，获得正效用 R。政府的类型为 θ_{g1}，并选择 S_{g2}，那么它的声誉受损，获得效用 $-R$。

该三方动态模型的参与者决策是有先后顺序的：阶段一是自然对政府的类型进行选择，阶段二是政府进行策略选择，阶段三是原企业得知政府策略选择之后的决策，阶段四是开发商是否参与的决策。该博弈可用图 6.9 表示。

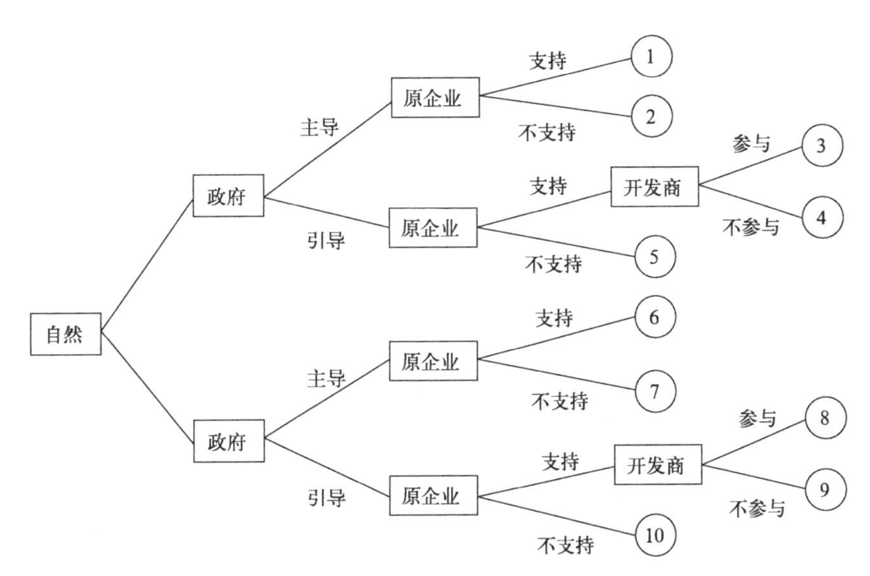

图 6.9　旧工业建筑再生利用项目博弈的扩展式

根据以上分析，旧工业建筑再生利用开发模式的决策过程可归纳为以下几个步骤：1）原企业首先需要对政府的类型 θ_{g1}、θ_{g2} 作出判断，并给出先验概率 $P(\theta_{g1})$；2）综合利用历史经验数据判断突发事件条件概率 $P(S_{g1} \mid \theta_{g1})$；3）计算各备选方案的效用值；4）原企业根据前面步骤中求出的后验概率 $P(S_{g1} \mid \theta_{g1})$ 和效用值，依据期望最大化与损失最小化原理选出最优方案；5）进入下一阶段，开发商选择自己的行动，决定参与与否；6）对 3~5 步进行重复，采用期望效用最大化原则进行策略选择，直到结束。

（2）博弈结果对应的效用组合分析

根据以上假设和博弈扩展式可知，以上 10 种博弈结果可以分为两类情况，第一类是在原企业选择“不支持”的情况下，此时无论政府的类型是哪种，如何选择策略，政府、原企业、开发商三方的收益均为 0。即：

$$(U_{g2}, U_{c2}, U_{d2}) = (U_{g5}, U_{c5}, U_{d5}) = (U_{g7}, U_{c7}, U_{d7}) = (U_{g10}, U_{c10}, U_{d10}) = 0$$

第二类为原企业“支持”或开发商“参与”的情况，这意味着旧工业建筑改造成功，因参与方选择的不同，可分为六种效用组合，具体分析如下：

1）政府属于 θ_{g1} 类型，亦即政府最终会主导改造项目，它选择“主导”，原企业相信政府的公信力，依次选择“支持”策略，双方即可完成项目的改造，不需要开发商的参与，该博弈策略组合可表示为$S=(\theta_{g1}, S_{g1}, S_{c1})$，该策略组合对应的效用组合为（$\varphi(Z)+0.6B_s+0.62B_h-I_1-W+R, W+0.4B_s+0.38B_h-N, 0$）。

2）政府属于θ_{g1}类型，但政府想吸引开发商参与双方共同承担改造费用，减少资金压力，它宣布自己选择“引导”，原企业选择“支持”策略，开发商选择“参与”策略，形成政府主导与原企业和开发商共同改造模式，由政府和原企业共同出资改造，该博弈策略组合可表示为$S=(\theta_{g1}, S_{g2}, S_{c1}, S_{d1})$。

3）政府属于θ_{g1}类型，选择“引导”，并与原企业达成协议，原企业选择“支持”策略，此时开发商不参与。由原企业向政府申请，获得定期集资进行建设经营与产品服务升级的权利。因此，由政府主导双方共同出资完成，该博弈策略组合可表示为$S=(\theta_{g1}, S_{g2}, S_{c1})$。

4）政府属于θ_{g2}类型，亦即政府最终会引导改造项目，但它宣布选择“主导”，以期能吸引原企业和开发商共同参与改造，原企业相信政府的公信力且原企业自身实力雄厚，依次选择“支持”策略，开发商选择不参与，双方即可完成项目的改造，该博弈策略组合可表示为$S=(\theta_{g2}, S_{g1}, S_{c1})$，该策略组合对应的效用组合为（$\varphi(Y)+0.6B_s+0.62B_h-I_2-R, V+0.4B_s+0.38B_h-C-N, 0$）。

5）政府属于θ_{g2}类型，它选择“引导”，原企业选择“支持”策略，但由于自身经济状况原因，需引入开发商改造，开发商选择“参与”策略，该博弈策略组合可表示为$S=(\theta_{g2}, S_{g2}, S_{c1}, S_{d1})$。

6）政府属于θ_{g2}类型，它选择“引导”，原企业选择“支持”策略，且原企业经济实力雄厚，可承担改造费用，并获得改造后带来的收益，不需要引入开发商的参与，或原企业勉强能承担改造费用，但开发商认为改造后的经济效益达不到自身要求，不选择参与改造，该博弈策略组合可表示为$S=(\theta_{g2}, S_{g2}, S_{c1})$。以上效用组合分析，如表6.6所示。

旧工业建筑再生利用参与方收益函数 **表6.6**

序数	政府类型	战略集合	收益		
			政府	原企业	开发商
模式1	θ_{g1}	$(\theta_{g1}, S_{g1}, S_{c1})$	$\varphi(Z)+0.6B_s+0.62B_h-I_1-W+R$	$W+0.4B_s+0.38B_h-N$	0
模式2		$(\theta_{g1}, S_{g1}, S_{c2})$	0	0	0
模式3		$(\theta_{g1}, S_{g2}, S_{c1}, S_{d1})$	$\varphi(Z)+0.46B_s+0.44B_h-I_1-W-R$	$W+0.29B_s+0.34B_h-N$	$V_1+0.25B_s+0.22B_h-C_1$
模式4		$(\theta_{g1}, S_{g2}, S_{c1})$	$\varphi(Z)+0.6B_s+0.62B_h-I_1-W-R$	$W+0.4B_s+0.38B_h-N$	0
模式5		$(\theta_{g1}, S_{g2}, S_{c2})$	0	0	0

续表

序数	政府类型	战略集合	收益		
			政府	原企业	开发商
模式 6	θ_{g2}	$(\theta_{g2}, S_{g1}, S_{c1})$	$\varphi(Y)+0.6B_s+0.62B_h-I_2-R$	$V+0.4B_s+0.38B_h-C-N$	0
模式 7		$(\theta_{g2}, S_{g1}, S_{c2})$	0	0	0
模式 8		$(\theta_{g2}, S_{g2}, S_{c1}, S_{d1})$	$\varphi(Y)+0.46B_s+0.44B_h-I_2+R$	$0.29B_s+0.34B_h-N$	$I_2+V_1+0.25B_s+0.22B_h-C_1$
模式 9		$(\theta_{g2}, S_{g2}, S_{c1})$	$\varphi(Y)+0.6B_s+0.62B_h-I_2+R$	$I_2+0.4B_s+0.38B_h+V-C-N$	0
模式 10		$(\theta_{g2}, S_{g2}, S_{c2})$	0	0	0

在以上博弈中，原企业和开发商虽然对政府有先验概率，但当他们观察到政府的行动策略时，会自动修正先验概率，对其最优策略的选择产生影响。如前假设，用 $P(\theta_{g1})$ 和 $P(\theta_{g2})$ 来表示原企业和开发商对政府的先验概率，且 $P(\theta_{g1})=\theta$，$P(\theta_{g2})=1-\theta$。

如表 6.6 所示，当原企业观察到政府采取 S_{g1} 策略时，即可获得信息集 h_1，原企业观察到政府采取 S_{g2} 策略时，即可获得信息集 h_2，无论是何种信息集，其形成的后验概率都应符合贝叶斯公式。用 $P(\theta_{g1}|S_{g1})$、$P(\theta_{g2}|S_{g1})$、$P(\theta_{g1}|S_{g2})$、$P(\theta_{g2}|S_{g2})$ 来表示原企业和开发商产生的后验概率。其中，$P(\theta_{g2}|S_{g1})=1-P(\theta_{g1}|S_{g1})$，$P(\theta_{g1}|S_{g2})=1-P(\theta_{g2}|S_{g2})$。另用 $P(S_{d1}|S_{g1})$、$P(S_{d2}|S_{g1})$ 表示原企业预测在政府宣布主导改造的情况下，开发商参与、不参与的概率。$P(S_{d1}|S_{g2})$、$P(S_{d2}|S_{g2})$ 表示原企业预测在政府宣布引导改造的情况下，开发商参与、不参与的概率。根据贝叶斯公式，可得出：

$$P(\theta_{g1}|S_{g1})=\frac{P(S_{g1}|\theta_{g1})\times P(\theta_{g1})}{P(S_{g1}|\theta_{g1})\times P(\theta_{g1})+P(S_{g1}|\theta_{g2})\times P(\theta_{g2})} \tag{6-1}$$

$$P(\theta_{g2}|S_{g2})=\frac{P(S_{g2}|\theta_{g2})\times P(\theta_{g2})}{P(S_{g2}|\theta_{g1})\times P(\theta_{g1})+P(S_{g2}|\theta_{g2})\times P(\theta_{g2})} \tag{6-2}$$

①政府选择 S_{g1} 策略后的博弈均衡分析在信息集 h_1 基础上，原企业如果选择“支持”，其预期期望效用应等于：

$$P(\theta_{g1}|S_{g1})\times(W+M+0.4B_s+0.38B_h-N)+P(\theta_{g2}|S_{g1})\times(V+0.4B_s+0.38B_h-C-N)$$
$$=\left\{V+0.4B_s+0.38B_h-C-N+P(\theta_{g1}|S_{g1})\times(W+M-V+C)\right\}$$

原企业如果选择不支持，则其预期效用为 0。

在政府选择主导的情况下，若原企业支持，则双方即可完成改造，无须引入开发商的参与，若原企业不支持，改造无法进行，因此，在该种情况下，开发商的预期效用为 0。

因此，在 h_1 信息集基础上，可得到原企业的最优策略如下：

当 $\left\{V+0.4B_s+0.38B_h-C-N+P(\theta_{g1}|S_{g1})\times(W-N-V+C)\right\}>\overline{Y}$（$\overline{Y}$为原企业维持原生产状态可得收益）时，原企业的最优策略是“支持”。因此，以上条件可转换为：

条件一：$P(\theta_{g1}|S_{g1})>\dfrac{\overline{Y}+N+C-V-0.4B_s-0.38B_h}{M-V+C}$。当条件一成立时，原企业面对政府的 S_{g1} 策略，会在政府主导的情况下支持改造。

②政府选择 S_{g2} 策略后的博弈均衡分析。

在信息集 h_2 基础上，原企业如果选择“支持”，其预期期望效用如下：

$$
\begin{aligned}
&P(S_{d1}|S_{g2})\times\{P(\theta_{g1}|S_{g2})\times(W+0.29B_s+0.34B_h-N)+P(\theta_{g2}|S_{g2})\times(W+0.29B_s+0.34B_h-N)\}+\\
&P(S_{d2}|S_{g2})\times\{P(\theta_{g1}|S_{g2})\times(W+0.4B_s+0.38B_h-N)+P(\theta_{g2}|S_{g2})\times(I_2+0.4B_s+0.38B_h+V-C-N)\}\\
&=P(S_{d1}|S_{g2})\times(W+0.4B_s+0.38B_h-N)+P(S_{d2}|S_{g2})\times\{W+0.4B_s+0.38B_h-N-P(\theta_{g2}|S_{g2})\times\\
&\quad(C+W-I_2-V)\}
\end{aligned}
$$

原企业如果选择不支持，则其效用为 0。

面对原企业的支持，开发商如果选择参与，其预期效用应等于

$$
\begin{aligned}
&P(\theta_{g1}|S_{g2})\times(V_1+0.25B_s+0.22B_h-C_1)+P(\theta_{g2}|S_{g2})\times(I_2+V_1+0.25B_s+0.22B_h-C_1-W)\\
&=V_1+0.25B_s+0.22B_h-C_1+P(\theta_{g2}|S_{g2})\times(I_2-W)
\end{aligned}
$$

开发商如果选择“不参与”，其预期效用为 0；原企业选择支持，开发商选择不参与的预期效用亦为 0。

因此，在 h_2 信息集基础上，可得到原企业与开发商的最优策略如下：

当 $P(S_{d1}|S_{g2})\times(W+0.29B_s+0.34B_h-N)>0$ 且 $P(S_{d2}|S_{g2})\times\{W+0.29B_s+0.34B_h-N-P(\theta_{g2}|S_{g2})\times(C+M-I_2-V)\}>\overline{Y}$，原企业最优策略是“支持”；当 $V_1+0.25B_s+0.22B_h-C_1+P(\theta_{g2}|S_{g2})\times I_2>\overline{K}$（$\overline{K}$ 为开发商基准投资回报）时，“参与”是开发商最优策略。因为 $P(\theta_{d1}|S_{g2})$、$P(S_{d2}|S_{g2})$、$P(\theta_{g1}|S_{g2})$ 均大于 0，以上条件可转换为：

条件二：$\dfrac{\overline{K}+C_1-V_1-0.25B_s-0.22B_h}{I_2-W}<P(\theta_{g2}|S_{g2})<\dfrac{\overline{Y}+N-W-0.29B_s-0.34B_h}{C+W-I_2-V}$ 且 $W+0.29B_s+0.34B_h-N>0$。当条件二成立时，原企业和开发商面对政府的 S_{g2} 策略，都会在明知政府只是提供一定的优惠政策的情况下仍选择“支持”和“参与”作为最优策略。

同理，可得条件三：$P(\theta_{g2}|S_{g2})>\dfrac{\overline{Y}+N-W-0.4B_s-0.38B_h}{C+W-I_2-V}$。成立时，原企业的最优策略为“不支持”。

条件四：$P(\theta_{g2}|S_{g2})<\dfrac{\overline{K}+C_1-V_1-0.25B_s-0.22B_h}{I_2-W}$。成立时，开发商的最优策略为“不参与”。

当条件三或条件四成立时，政府为其提供一定的政策支持才能推进项目顺利运行。综上可知，在博弈者决策逻辑一定的情况下，博弈的均衡结果与前提条件的设定紧密相关，将上述博弈均衡及对应条件总结如表 6.7 所示。

博弈均衡结果对应前提条件列表 **表 6.7**

政府策略	博弈均衡对应的前提条件	原企业、开发商的最优策略
S_{g1} 政府主导	条件一：$P(\theta_{g1}\|S_{g1}) > \frac{\bar{Y}+N+C-V-0.4B_s-0.38B_h}{W-V+C}$	原企业：支持（政府、原企业两方完成改造）
S_{g2} 政府引导	条件二：$\frac{\bar{K}+C_1-V_1-0.25B_s-0.22B_h}{I_2-W} < P(\theta_{g2}\|S_{g2}) < \frac{\bar{Y}+N-W-0.29B_s-0.34B_h}{C+W-I_2-V}$ 且 $W+0.29B_s+0.34B_h-N>0$	原企业：支持 开发商：参与
	条件三：$P(\theta_{g2}\|S_{g2}) > \frac{\bar{Y}+N-W-0.4B_s-0.38B_h}{C+W-I_2-V}$	原企业：不支持
	条件四：$P(\theta_{g2}\|S_{g2}) < \frac{\bar{K}+C_1-V_1-0.25B_s-0.22B_h}{I_2-W}$	开发商：不参与

6.2.4 基于谈判理论合作博弈模型构建与求解

针对旧工业建筑再生利用的利益冲突现象进行分析，得出当前亟待解决的问题包括开发商与原企业之间安置补偿费用的冲突和政府与开发商之间财政税收金额的矛盾，利益关系如图 6.10 所示。采用讨价还价理论分析利益冲突，最终，冲突双方通过谈判协商确定使双方均满意的合理方案。

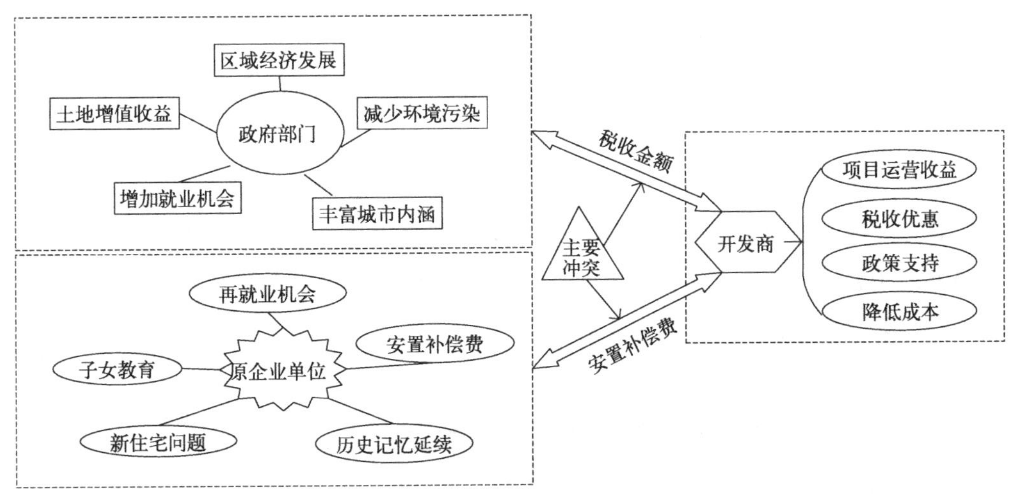

图 6.10 利益关系示意图

(1) 开发商与原企业讨价还价模型

通过实地调研，对旧工业建筑再生利用项目开发商与原企业关于安置补偿费用谈判的数据进行研究分析，可以得出数据，原企业发起的谈判占比超过 70%，其余均为开发商自行发起或与原企业共同发起。因此对于安置补偿费用谈判的研究假设由原企业首先发起，即原企业针对项目状况和原企业职工情况首先提出安置补偿费的数额，若开发商接受，则谈判结束；若开发商拒绝，谈判进入第二轮，由其反提安置补偿费用，如图 6.11

所示，如此反复进行，直到双方达成协议，再谈判结束。

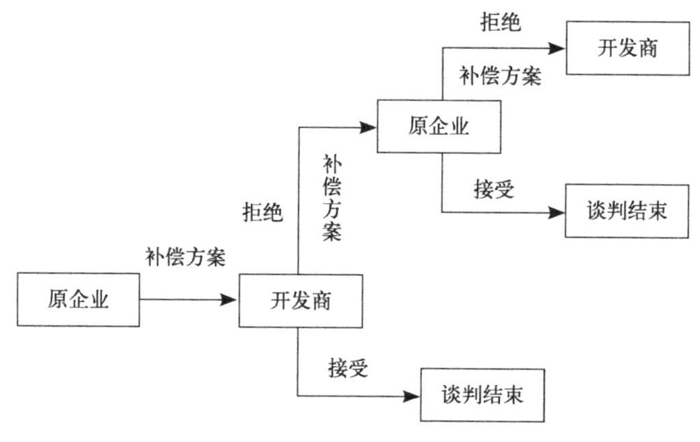

图 6.11　讨价还价示意图

1）模型基本假设

假设一：开发商和原企业都是理性的，双方的行为和最终目的都是实现自己利益的最大化，均希望谈判不破裂且尽早结束谈判；

假设二：开发商和原企业之间的信息是对称的，在讨价还价的过程中，开发商和原企业完全了解对方的策略及收益；

假设三：各方按照实现最大限度联合效用的原则进行谈判循环。

2）模型参数讨论

①参数说明

针对开发商和原企业关于安置补偿费用这一利益冲突，构建完全信息下的讨价还价博弈模型，为开发商和原企业之间在旧工业建筑再生利用项目安置补偿费用的确定提供依据，模型涉及的参数及含义如表 6.8 所示。

开发商与原企业讨价还价模型参数及其含义　　表 6.8

参数	含义
P_i	开发商第 i 次谈判获得的收益
S_i	原企业第 i 次谈判获得的收益
θ_p	开发商在再谈判过程中的贴现因子
θ_s	原企业在再谈判过程中的贴现因子
R	项目的预期收益
r_i	原企业提出的安置补偿
$R-r_i$	开发商对应获得的收益
e_i	原企业在讨价还价过程中采取强势地位策略向开发商要求的额外收益

②贴现因子 θ

即为谈判双方在谈判过程中的谈判成本，介于 0 ~ 1 之间。原企业相较于开发商明显处于劣势地位，使得其谈判损耗（如机会成本、资源费用等）明显比开发商要高，因此其贴现因子低于开发商。这里设开发商和原企业双方的谈判贴现因子分别为 θ_p 和 θ_s，则有 $\theta_p > \theta_s$，且 $0 < \theta_p < 1$，$0 < \theta_s < 1$。

③谈判地位的非对称性

谈判地位的非对称性存在与本阶段的讨价还价过程中。原企业作为原用地主体，在再谈判时处于相对优势地位。同时由于原企业率先发起再谈判，对谈判准备和项目的信息掌握程度具有先发优势，原企业会选择向开发商要求除安置补偿费外的隐形额外收益，包括新的就业机会、子女教育等问题处理的花费，用 e_i 表示。但是由于开发商的监督作用，这份额外收益不会大于原企业获得的安置补偿和项目的预期收益，则 e_i 的取值范围是 $R \geqslant r_i > e_i \geqslant 0$。

3）模型构建

①第一轮谈判

原企业提出己方的收益分配策略 r_1，开发商则获得 $R-r_1$，又因为博弈双方谈判地位的非对称性，原企业能够向开发商获得一份隐形的额外收益 e_1，此时如果开发商选择接受原企业提出的补偿费用，则谈判结束，即原企业收益：$S_1=r_1+e_1$；开发商收益：$P_1=R-r_1-e_1$。如果开发商拒绝原企业提出的安置补偿方案，则再谈判进入第二轮。

②第二轮谈判

开发商提出原企业可获得的安置补偿费用 r_2，己方所获得的收益为 $R-r_2$，同时对原企业额外的补偿，开发商也只愿支付 e_2。由于谈判成本的付出，因此需要采用贴现因子对双方收益额进行修正。第二轮开发商提出安置补偿费用之后，如果双方接受，则此阶段再谈判结束，即原企业收益：$S_2=(r_2+e_2)\theta_s$；开发商收益：$P_2=(R-r_2-e_2)\theta_p$。如果原企业拒绝开发商的安置补偿方案，则再谈判进入第三轮。

③第三轮谈判

修正之后的原企业收益为 $S_3=(r_3+e_3)\theta_s^2$；开发商收益：$P_3=(R-r_3-e_3)\theta_p^2$；如果开发商接受则再谈判结束；如不接受，博弈以此反复进行，直到双方同意各方提出的收益分配策略为止。

4）模型求解

应用逆推归纳法对无限期讨价还价合作博弈模型进行求解，在第一回合和第三回合其逆推基点所得的结果相同。根据这种思路，对开发商和原企业之间安置补偿费用的无限期讨价还价博弈模型进行求解。

在完全信息博弈的第三轮再谈判中，原企业收益为 $S_3=(r_3+e_3)\theta_s^2$，开发商收益为 $S_3=(r_3+e_3)\theta_s^2$。而第二轮再谈判中，若开发商提出分给原企业的安置补偿费用 S_2 小于第三轮谈判中原企业自己提出的安置补偿费用 S_3，原企业则会拒绝第二轮中开发商提出的方案，使得谈判不得不进入第三轮。开发商在完全信息状态下预料到原企业会采取此种行动，为了减少因为谈判没有达成，而导致的时间、资源的损失，以及后续谈判不必要费用的损耗。那么，在第二轮谈判过程中开发商会使原企业获得的补偿费用 S_2 等于第三轮中的 S_3，即 $S_2=S_3$，$(r_2+e_2)\theta_s=(r_3+e_3)\theta_s^2$，得 $r_2=(r_3+e_3)\theta_s-e_2$，开发商获益为 $P_2=[R-(r_3+e_3)\theta_s]\theta_p$，那么，$P_2-P_3=[R(1-\theta_p)+(r_3+e_3)(\theta_p-\theta_s)]\theta_p$。

又因为 $1>\theta_p>\theta_s$，$R\geqslant r_i>e_i\geqslant 0$，则有 $P_2>P_3$。可以得出，开发商也在避免进入第三轮谈判。

回到第一轮再谈判中，由原企业率先提出安置补偿费用。由于完全信息博弈，原企业知道一旦博弈进入到第二轮，开发商将提出自己的方案，则原企业将获得的补偿费用为 $S_2=(r_2+e_2)\theta_s$，开发商获得 $P_2=(R-r_2-e_2)\theta_p$。同样推导，在第一轮谈判中，若原企业提出的安置补偿费用，使开发商获得的收益 G_1 小于在第二轮中获得的收益 G_2，开发商会选择拒绝该方案并进入第二轮谈判。因此，原企业需要提出一个符合双方心理预期的合理安置补偿费用。此时则有 $G_1=G_2$，即：$R-r_1-e_1=[R-(r_3+e_3)\theta_s]\theta_p$，得到 $r_1=R-e_1-[R-(r_3+e_3)\theta_s]\theta_p$。

在无限轮次博弈过程中，其奇数和偶数轮次分配方案是一致的，即原企业第一轮与第三轮的分配方案一致，所以有：$r_3=r_1$，那么：$r_3=R-e_1-[R-(r_3+e_3)\theta_s]\theta_p$。

整理得：

$$r_3=\frac{R(1-\theta_p)+e_3\theta_s\theta_p-e_1}{1-\theta_s\theta_p} \tag{6-3}$$

$$R-r_3=\frac{R\theta_p(1-\theta_s)-e_3\theta_s\theta_p+e_1}{1-\theta_s\theta_p} \tag{6-4}$$

同时，在无限讨价还价博弈模型中，原企业的额外收益逐渐趋于一致，即 $e_i=\mathrm{e}$（常数），因此，双方子博弈精炼纳什均衡分别为：

$$R_s=\frac{R(1-\theta_p)}{1-\theta_s\theta_p}-\mathrm{e} \tag{6-5}$$

$$R_p=\frac{R\theta_p(1-\theta_s)}{1-\theta_s\theta_p}+\mathrm{e} \tag{6-6}$$

式中 R_s 是原企业名义上得到的安置补偿费用，即原企业没有利用优势向开发商要求额外的补偿方案时，可以分配到的收益为 $R_s^*=R(1-\theta_p)/(1-\theta_s\theta_p)-\mathrm{e}$。

但是，由于双方博弈地位的非对称性，原企业会利用其强势地位向开发商索要额外的收益。因此，原企业真实获得的收益为：$R_s^*=R(1-\theta_p)/(1-\theta_s\theta_p)$；开发商真实获得收益为：$R_p^*=R\theta_p(1-\theta_p)/(1-\theta_s\theta_p)$。

(2) 政府与开发商讨价还价模型

本课题组通过实地调研，对旧工业建筑再生利用项目开发商与政府关于税收金额谈判的数据进行研究分析，发现超过 65% 的谈判由开发商发起。因此对于税收金额谈判的研究假设由开发商首先发起，即开发商针对项目预期效益首先提出税收金额，若政府接受，则谈判结束；若政府拒绝，谈判进入第二轮，由其反提税收金额，如此反复进行，直到双方达成协议谈判结束。

1）模型基本假设

假设一：开发商和政府都是理性的，双方的行为和最终目的都是实现自己利益的最大化，均希望谈判不破裂且尽早结束谈判；

假设二：开发商和政府之间的信息是对称的，在讨价还价的过程中，开发商和政府完全了解对方的策略及收益；

假设三：各方按照实现最大限度联合效用的原则进行谈判循环；

假设四：e_i 为开发商在讨价还价过程中采取强势地位策略向政府要求的优惠金额，这种优惠可能是降低土地出让金、贷款贴息、财政补贴、设立专项资金、加大政策宣传力度等引起的。

政府与开发商讨价还价模型参数及其含义　　表 6.9

参数	含义
P_i	开发商第 i 次谈判获得的收益
G_i	政府第 i 次谈判获得的收益
θ_p	开发商在再谈判过程中的贴现因子
θ_g	政府在再谈判过程中的贴现因子
R	开发商预期的项目收益
r_i	开发商提出的税收费用
e_i	优惠金额

2）模型构建

①第一轮谈判

开发商提出己方的税收费用 r_1，即此时政府获得 r_1，开发商获得 $R-r_1$，又因为博弈双方谈判地位的非对称性，开发商能够向政府获得一份隐形的额外收益 e_1，此时如果政府选择接受开发商提出的方案，则谈判结束，即政府收益：$G_1=r_1+e_1$；开发商收益：$P_1=R-r_1-e_1$。若政府不同意开发商要求的税收优惠方案，则进入第二轮再谈判。

②第二轮谈判

政府提出开发商需要交纳的税收金额为 r_2，己方所获得的收益为 $R-r_2$，同时对开发商的其他优惠政策，政府也只愿减少 e_2 的收益。

由于再谈判成本的付出，需要对双方的收益额进行贴现因子修正。若在第二轮政府提出的税收金额能被接受，则谈判结束，政府收益：$G_2=(r_2+e_2)\theta_g$；开发商收益：$P_2=(R-r_2-e_2)\theta_p$。如果开发商拒绝政府提出的税收优惠方案，则再谈判进入第三轮。

③第三轮谈判

开发商提出缴纳的政府税收金额为 r_3，同时加上依赖自身的优势地位提出的额外收益 e_3，再乘上一个各自的贴现因子之后，即政府收益：$G_3=(r_3+e_3)\theta_g^2$；开发商收益：$P_3=(R-r_3-e_3)\theta_p^2$。如果政府接受则再谈判结束；如不接受，博弈以此反复进行，直到双方同意各方提出的收益分配策略为止。

3）模型求解

如同安置补偿费用的讨价还价模型一样，在完全信息博弈过程中，双方都清楚对方的策略集合和相应的收益，在第三轮再谈判中，政府收益为 $G_3=(r_3+e_3)\theta_g^2$，开发商收益为 $P_3=(R-r_3-e_3)\theta_p^2$。而第二轮再谈判中，若政府提出开发商缴纳的税收金额 G_2 的值大于第三轮谈判中开发商自己提出的税收金额 G_3，则开发商会拒绝接受政府在第二轮谈判中提出的方案，使得谈判进入第三轮。政府在完全信息状态下预料到开发商会采取此种行动，为了减少因为谈判没有达成，而导致的时间、资源的损失，同时避免第三轮中不必要谈判费用的损耗。那么，政府作为理性的参与人会在第二轮中提出的税收金额 G_2 等于第三轮中的 G_3，即 $G_2=G_3$，$(r_2+e_2)\theta_g=(r_3+e_3)\theta_g^2$，得 $r_2=(r_3+e_3)\theta_g-e_2$。开发商获益为 $P_2=[R-(r_3+e_3)\theta_g]\theta_p$，可得，$P_2-P_3=[R(1-\theta_p)+(r_3+e_3)(\theta_g-\theta_p)]\theta_p$。

又因为 $1>\theta_g>\theta_p$，$r_i\geqslant 0$，$e_i\leqslant 0$ 且 $|e_i|<r_i$，则有 $P_2>P_3$。表明开发商也不愿意让谈判进入到第三轮。

回到第一轮再谈判中，由开发商率先提出税收费用。由于完全信息博弈中，开发商知道一旦博弈进入到第二轮，政府将提出自己的方案，则开发商将获得的收益为 $P_2=(R-r_2-e_2)\theta_p$，政府获得 $G_2=(r_2+e_2)\theta_g$。同样推导，在第一轮谈判中，若开发商提出的税收费用，使政府的收益 G_1 小于在第二轮中获得的收益 G_2，那么政府必定会选择拒绝该方案，将谈判拖入到第二轮。因此，开发商必须合理权衡提出的税收费用。此时则有 $P_1=P_2$，即：$R-r_1-e_1=[R-(r_3+e_3)\theta_g]\theta_p$，得到 $r_1=R-e_1-[R-(r_3+e_3)\theta_g]\theta_p$。

在无限轮次的博弈当中，奇数轮次和偶数轮次提出的方案是一致的。即开发商在第一轮提出的税收费用和在第三轮提出的税收费用一致，所以有：$r_3=r_1$，那么：$r_3=R-e_1-[R-(r_3+e_3)\theta_g]\theta_p$。

整理得：

$$r_3=\frac{R(1-\theta_p)+e_3\theta_g\theta_p-e_1}{1-\theta_g\theta_p} \tag{6-7}$$

$$R-r_3=\frac{R\theta_p(1-\theta_g)-e_3\theta_g\theta_p+e_1}{1-\theta_g\theta_p} \tag{6-8}$$

在无限讨价还价博弈模型中，开发商利用自己的强势地位使得额外优惠逐渐趋于一致，即 e_i=e（常数），则双方子博弈精炼纳什均衡分别为：

$$R_{\mathrm{g}}=\frac{R(1-\theta_{\mathrm{p}})}{1-\theta_{\mathrm{g}}\theta_{\mathrm{p}}}-\mathrm{e} \tag{6-9}$$

$$R_{\mathrm{p}}=\frac{R\theta_{\mathrm{p}}(1-\theta_{\mathrm{g}})}{1-\theta_{\mathrm{g}}\theta_{\mathrm{p}}}+\mathrm{c} \tag{6-10}$$

式中 R_{g} 是政府名义上得到的税收费用，即开发商没有利用优势向政府要求额外的税收优惠时，可以得到的收益为 $R_{\mathrm{g}}^{*}=R(1-\theta_{\mathrm{p}})/(1-\theta_{\mathrm{g}}\theta_{\mathrm{p}})-\mathrm{e}$。然而根据分析，开发商会利用自身的强势地位向政府索取额外的优惠。因此，政府真实获益为：$R_{\mathrm{g}}^{*}=R(1-\theta_{\mathrm{p}})/(1-\theta_{\mathrm{s}}\theta_{\mathrm{p}})$；开发商真实获益为：$R_{\mathrm{p}}^{*}=R\theta_{\mathrm{p}}(1-\theta_{\mathrm{p}})/(1-\theta_{\mathrm{g}}\theta_{\mathrm{p}})$。

6.3　利益分配对策及建议

6.3.1　分配方式多元化

分析影响利益主体的利益分配影响因素，利益主体的利益分配由其自身对再生利用项目的积极态度所决定。根据投资与收益对等原则，利益主体对再生利用项目付出的越多，则所应分配得到的利益越多。通过对再生利用项目利益分配的影响因素进行调研整理，可以得出投资比重是影响再生利用项目利益分配的关键因素，除此之外合同执行度也是利益分配决策的重要参考。因此，在利益分配方案的制定和实行过程中，可根据各方在这两方面资源投入程度的差异，补充完善决策方案；从不同的评价维度衡量利益主体为再生利用项目做出的贡献，最大限度保证各方利益的同时使得利益分配方式多元化。

（1）根据投资比重进行利益分配

在再生利用项目中，开发商、政府与原企业需要根据自身的定位、实力以及所扮演的角色进行投资，投入资金不同得到的回报也不相同。根据投资与收益对等的原则，投资者期望投入资金的比例与收益的比例呈正比，投资者增加投入为项目注入资金，为项目带来效益的增加。在利益分配时，投入资金多的投资方应得到与自身投入相等的收益。在具体分配过程中可根据投资额度设定利益优先分配次序，根据梯队顺次依次进行盈利分红，同时可通过激励制度鼓励各方增加投资额度，在合同初期制定各方投资比例上下限，后期若存在超限投资方，对该方的该笔投资追加高于限内资金的分红回报率，以激励各利益主体向项目加大注资力度，保证项目运行规模和效率。

（2）根据合同执行度进行利益奖惩

合同执行度是衡量利益主体完成合同约定内容的程度。由于部分利益主体是以追求自身利益最大化为目标，可能会采取不正当、不道德的手段或做出有损项目整体利益的行为决策，损害项目的整体利益。因此需制定利益奖惩措施，对合同内约定的责任范围根据其执行度的差异进行奖罚，将自身利益与项目整体利益挂钩，以鼓励各方积极履行项目职责，实现项目集体利益最大化。

6.3.2 制定完善相关规范准则

在再生利用项目利益分配中，公平合理的利益分配方案是推动项目顺利实施的根基。但是仅仅依靠方案的制定是远远不够的，还需要相应的规范准则来进一步规范利益主体的行为，有效应对项目实施过程中出现的不确定性障碍。完善的行为准则和规范规定了利益主体的努力方向和努力程度，对于后期设定利益奖惩机制并最终实现项目利益的合理分配具有重要的意义。

（1）制定利益主体退出规范准则

再生利用项目运行后期因为矛盾激化导致合作破裂的案例多有发生，各利益主体在项目发展战略、资金实力、利益回报周期、再生利用价值判断等方面都存在着较大差异，基于不同的出发点临时组成的利益共同体对项目运行难免会产生分歧，容易引发相关利益主体合作退场进而导致项目搁浅现象。建立利益主体退出机制对各方的利益保证以及长期合作关系的建立显得尤为重要，诸如明确退出的基本程序、协议的解除、退出时已投入资源的赔偿、违约责任的认定及其他后续事务，确保再生利用项目合作的公平与效率，保证项目的顺利运行，维护各方主体的利益。

（2）制定利益分配监察监督规范准则

项目利益主体通过合同订立阶段责任权利的划分，可以在一定程度上对其利益分配进行监督管理，避免了职责划分不清或存在管理空白地带或责任交叉等现象的出现，保证再生利用项目的高效实施。然而项目在实际的实施过程中，存在很多利益主体利益受损的情况，通过外界的监督曝光才得到最终解决。因此，需要制定完善监察监督规范准则，通过聘请外界有资质的经济审计机构，对项目周期内再生利用的营收以及利益分配情况定期进行监督检查，形成记录向各利益主体以及外界舆论机构进行汇报，动员内外部力量共同对项目利益分配现状监察监督。

6.4 利益分配决策系统

为了将旧工业建筑再生利用利益主体博弈与利益冲突协调结果更简便地计算以及更简洁地呈现出来，定向开发了利益分配辅助决策系统软件帮助进行决策管理。本节主要针对旧工业建筑再生利用利益分配决策软件应用进行介绍描述，以建立的模型为基础，基于 .net 平台编制旧工业建筑再生利用利益分配辅助决策软件，主要从系统的功能设定、系统的程序设计、系统的程序实现三个层面展开。

6.4.1　系统功能设定

辅助决策软件以决策系统功能为主，并附带存储与查询功能。决策系统功能主要分为开发模式决策、冲突协调与建议两大模块，如图 6.12 所示。

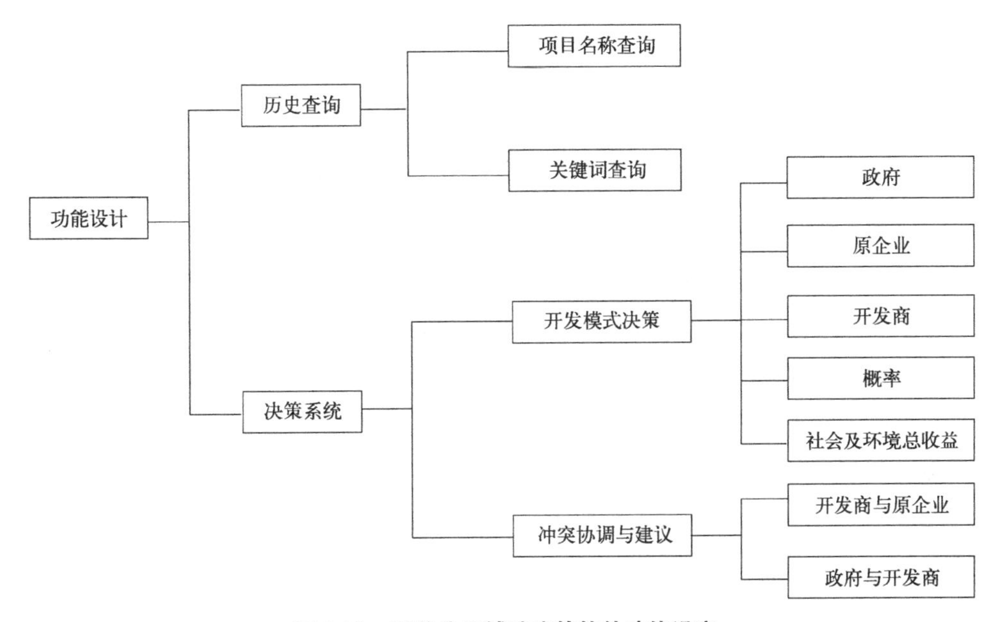

图 6.12　利益分配辅助决策软件功能设定

（1）项目存储与查询

对于新开发项目，可以输入项目的基本信息进行存储，以完善旧工业建筑再生利用项目数据库；同时，还可通过项目名称或关键词查看相应项目的相关数据，从而为拟开发或在开发项目提供参考经验。

（2）开发模式决策

根据已建立不完全信息下的旧工业建筑再生利用博弈模型，将政府、原企业、开发商的行为策略嵌入开发模式决策模块。决策者输入各方主体的相关决策参数，经软件计算后，可得到最优策略组合及该策略下的三方收益。

（3）冲突与协调建议

根据所得决策结果，利益冲突三方进行博弈，根据旧工业建筑再生利用合作博弈模型，将开发商与原企业，政府与开发商的博弈策略嵌入冲突与协调建议模块。输入各方主体相关博弈参数，经软件计算后，可得博弈后各方利益分配决策。

6.4.2　程序设计

（1）系统输入方案设计

1）结合系统功能设定制定输入方案，如图 6.13 所示。

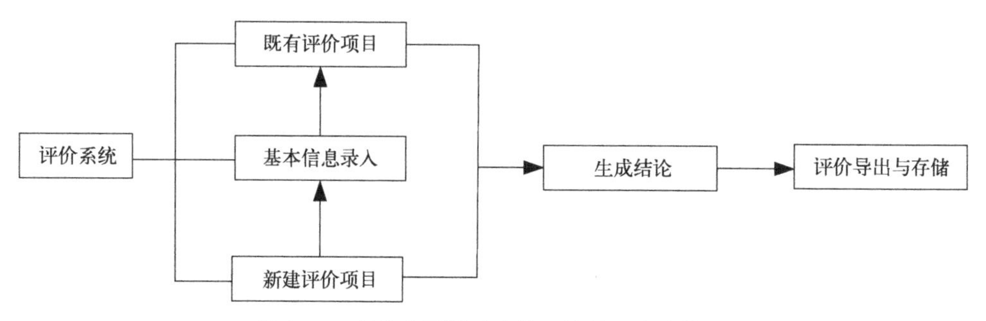

图 6.13　利益分配辅助决策系统输入方案模型

2）指标录入设计

系统的指标录入主要分为三个部分：①项目基本信息。将项目现名称、项目原名称、地址、始建时间、改建时间、建筑类型、结构类型、原功能、现功能、建筑面积（万平方米）、占地面积（万平方米）等基本信息录入新系统，以进一步完善旧工业建筑再生利用项目信息库，同时为类似项目的利益分配提供经验借鉴。②控制指标。包括容积率、土地性质、总投资额（万元）和单位面积投资额（元 /m^2）等。③评价指标。包括园区主要收入来源、租金 [元 /（m^2 · 天）]、物业费 [元 /（m^2 · 天）]、开发模式、项目参与主体策略选择和土地权属等。旧工业建筑再生利用项目评价系统参数录入模型如图 6.14 所示。

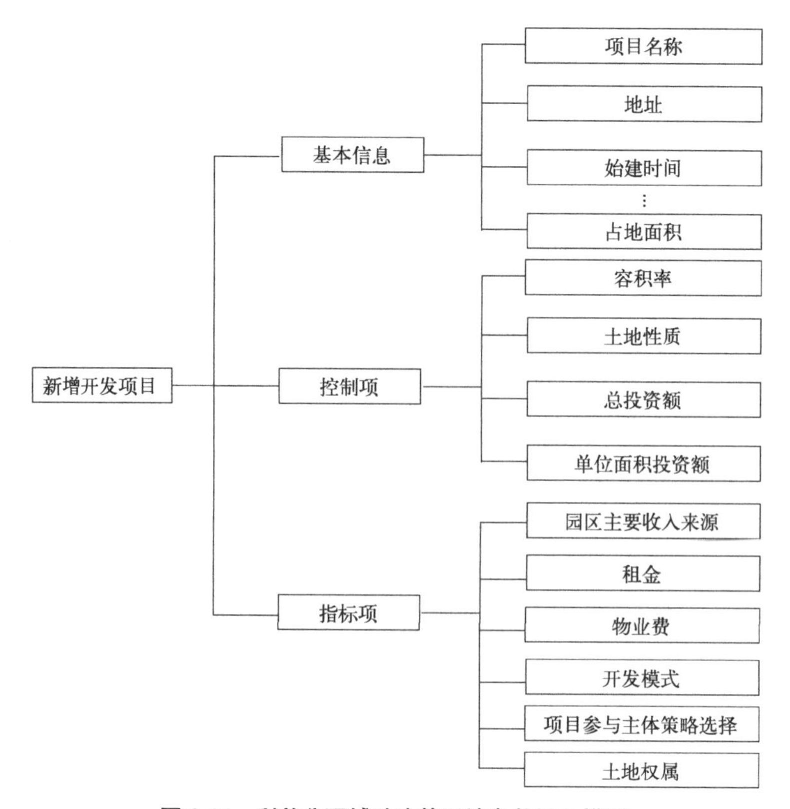

图 6.14　利益分配辅助决策系统参数录入模型

（2）系统输出方案设计

通过相应参数的录入，经系统分析可得出旧工业建筑再生利用项目的最优策略组合及相应三方收益、利益冲突方博弈最终收益。

6.4.3　系统程序实现

（1）系统语言的选择

考虑到 .net 具有与多种语言、多种系统无缝兼容的特性，为简化程序的应用方法，选择利用 .net 平台进行软件的编制。常用的编程语言有 C，C++，C#，Java，VB，Prolog 等，为了简化程序，方便程序调试，建立一种交互式面向用户的系统，结合模型算法，选择 C# 进行软件的编制。

（2）系统程序实现

旧工业建筑再生利用利益分配辅助决策软件登录界面左侧设置有历史查询和项目评价两个模块。

1）历史查询模块

历史查询模块界面如图 6.15 所示。点击项目名称查询，即可进入查询界面（见图 6.16）。输入项目名称后，可得到项目的基本信息，以北京 798 为例，输入“798 艺术区”后，选择符合要求的项目，单击“查询”后即可查得该项目基本信息，如图 6.17 所示。也可以输入关键词，输入判别条件，点击确认后得到符合要求的项目，如图 6.18 所示。

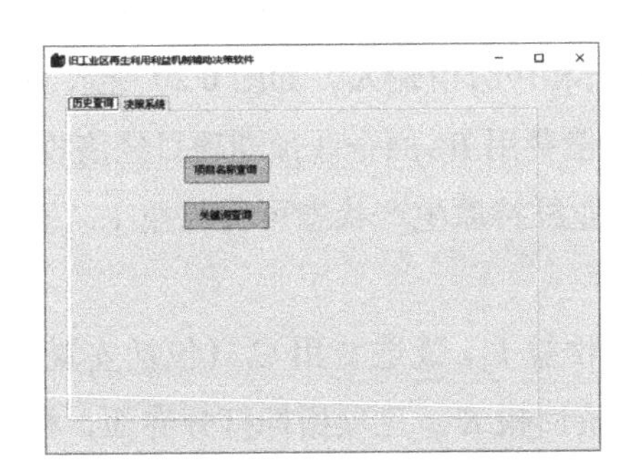

图 6.15　历史查询模块界面

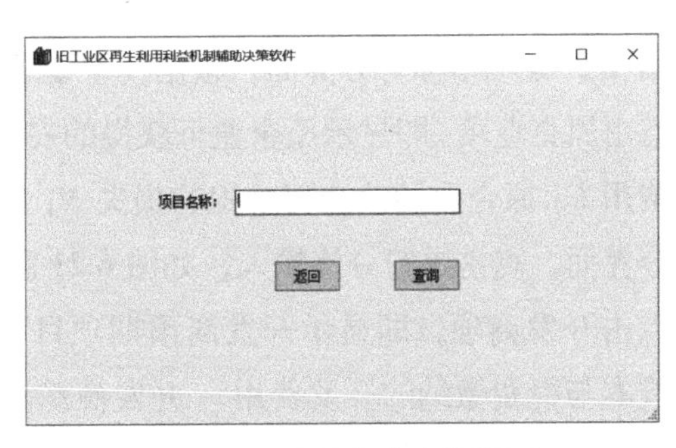

图 6.16　项目名称查询界面

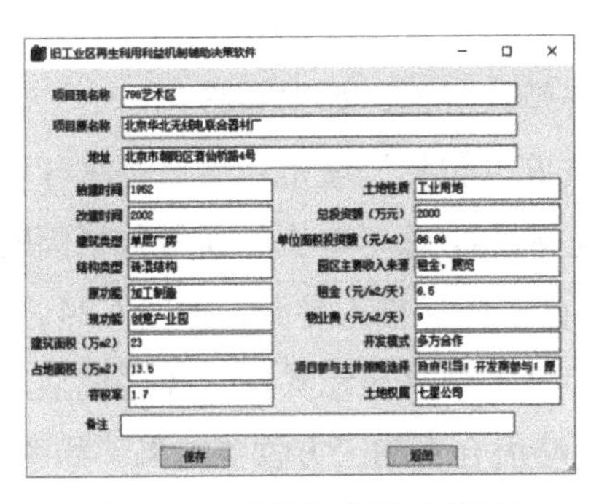

图 6.17　项目详细信息界面

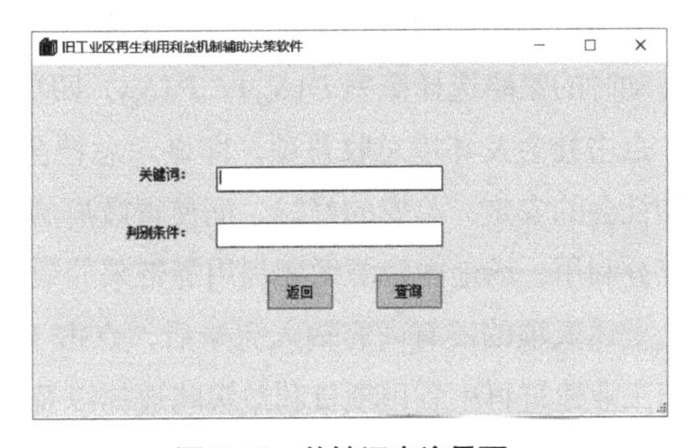

图 6.18　关键词查询界面

2）决策系统模块

决策系统分为开发模式决策和冲突协调与建议两大模块，其功能分别为项目开发模式选择以及利益博弈结果的判定。软件界面如图 6.19 所示。

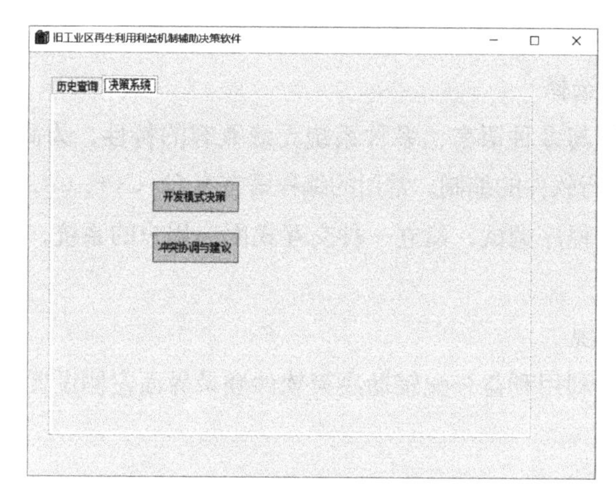

图 6.19　决策系统功能选择界面

①开发模式决策

点击开发模式决策会进入政府、原企业、开发商、概率和社会及环境总收益五项数据输入界面。首先显示政府主导时预期项目经济收益 $\varphi(Z)$；政府引导时预期项目经济收益 $\varphi(Y)$；政府主导时的开发费用 I_1；政府提供优惠政策时的支出 I_2；政府主导时的安置补偿费用 W。五项指标打分界面，根据模型要求进行相应分值输入，如图 6.20 所示。

点击原企业项，即显示原企业可获得的安置补偿费用 W；原企业预期项目经济收益 V；改造费用 C；原企业因改造而承担的损失 N；原企业维持原生产状态可得收益 $\overline{Y}$。五项指标打分界面，点击进行分值输入，如图 6.21 所示。

点击开发商项，即显示开发商预期项目经济收益 V_1；改造费用 C_1（包括安置补偿、建设成本与税费缴纳的开发费用）；开发商基准投资回报 $\overline{K}$。三项指标打分界面，根据要求进行分值输入，如图 6.22 所示。

点击概率项，即显示原企业、开发商对政府类型的先验概率 $P(\theta_{g1})$、$P(\theta_{g2})$ 以及政府行动时的策略选择概率 $P(S_{g1})$、$P(S_{g2})$ 四项指标输入界面，如图 6.23 所示。

点击社会及环境总收益项，即显示总社会收益 B_s（包括因城市社会、经济环境的改善和社会的安定、治安的好转，而使得政府威信提高等）；总环境收益 B_h（包括因既有资源充分利用、场地内资源循环利用等带来的效益）两项指标输入界面，如图 6.24 所示。

上述五项的所有内容输入完毕后，点击下一步进入结果显示界面，经过模型运算得出旧工业建筑再生利用项目利益策略选择以及该策略组合下的三方收益结果，如图 6.25、图 6.26 所示。

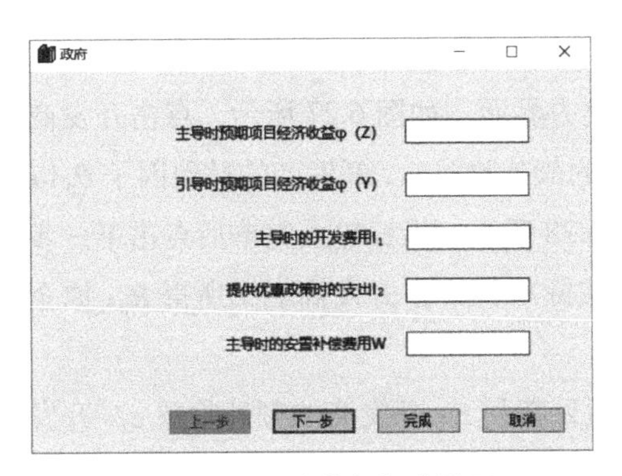

图 6.20　政府指标打分界面

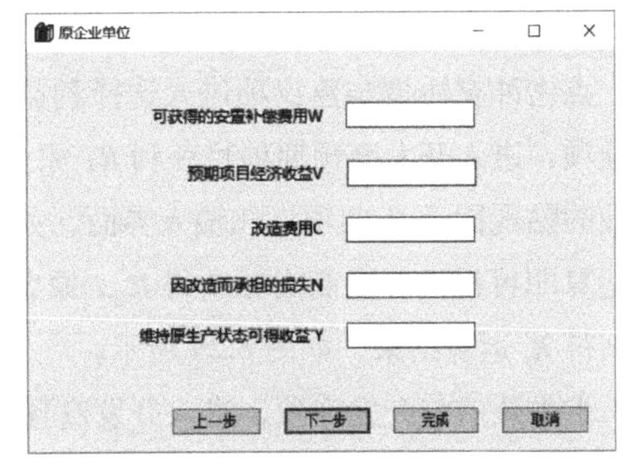

图 6.21　原企业指标打分界面

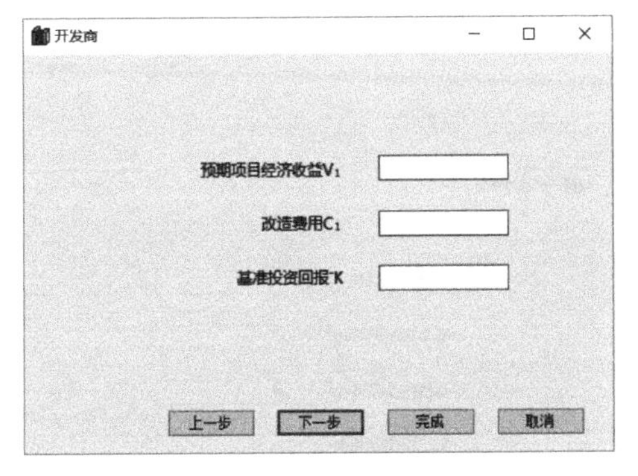

图 6.22　开发商指标打分界面

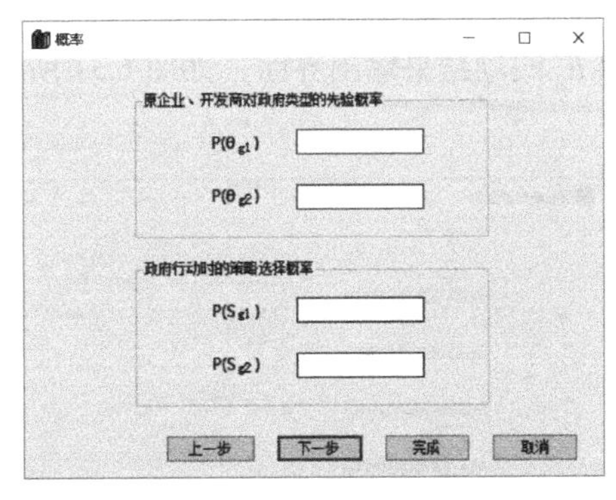

图 6.23　概率指标输入界面

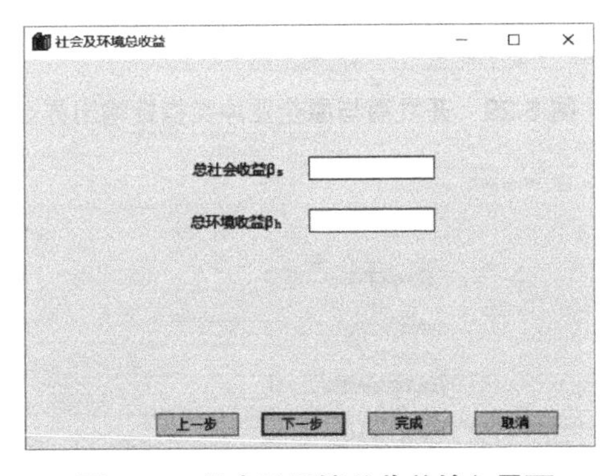

图 6.24　社会及环境总收益输入界面

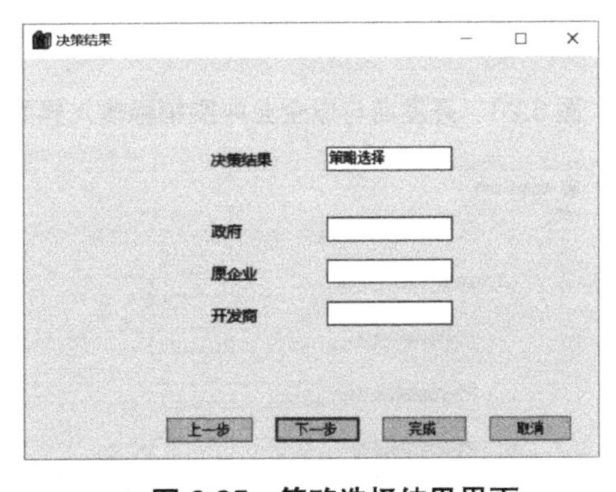

图 6.25　策略选择结果界面

图 6.26　三方收益结果界面

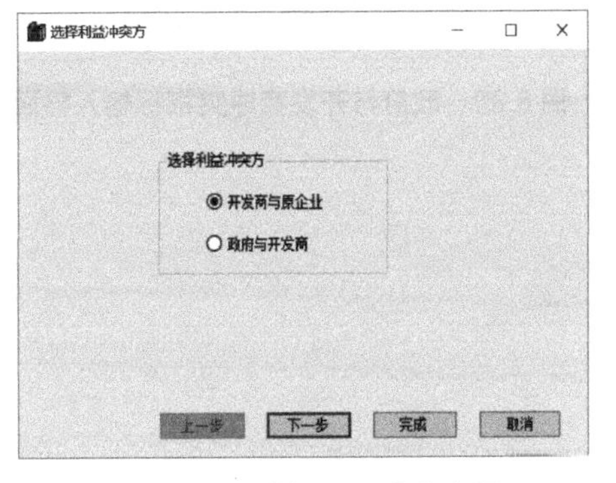

图 6.27　选择利益冲突方界面

②冲突协调与建议

点击冲突协调与建议项进入选择利益冲突方界面，如图 6.27 所示。点击开发商与原企业项，进入开发商预期项目获利 R；原企业的额外收益 e_1；开发商的贴现因子 θ_p 以及原企业的贴现因子 θ_s 四项指标输入界面，如图 6.28 所示。指标输入完毕后点击下一步，通过运算即可得出开发商实际所得 R^*_p；原企业实际所得 R^*_s；开发商名义所得 R_p；原企业名义所得 R_s 运算结果，如图 6.29 所示。

点击政府与开发商项，进入开发商预期项目获利 R；开发商的额外收益 e_2；开发商的贴现因子 θ_p；政府的贴现因子 θ_g 四项指标输入界面，如图 6.30 所示，输入后点击下一步进行运算，即可得开发商实际所得 R^*_p；政府实际所得 R^*_g；开发商名义所得 R_p；政府名义所得 R_g 四项结果输出界面，如图 6.31 所示。

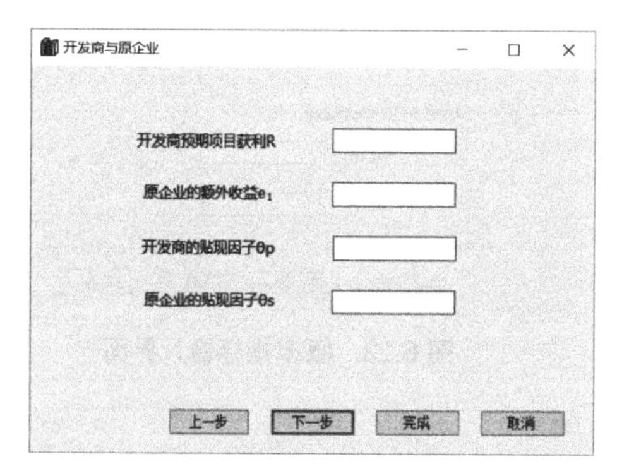

图 6.28　开发商与原企业冲突指标输入界面

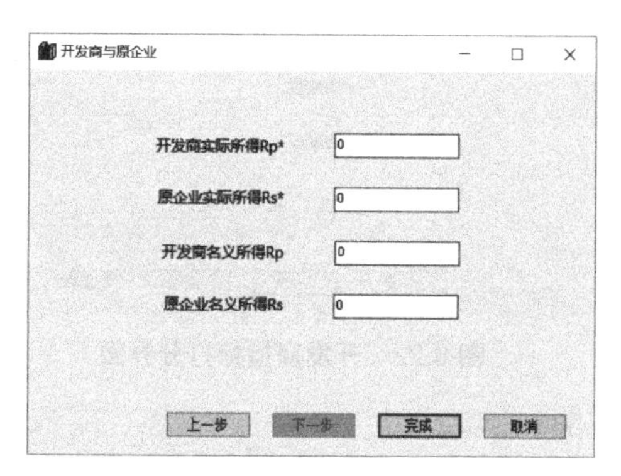

图 6.29　开发商与原企业冲突指标输出界面

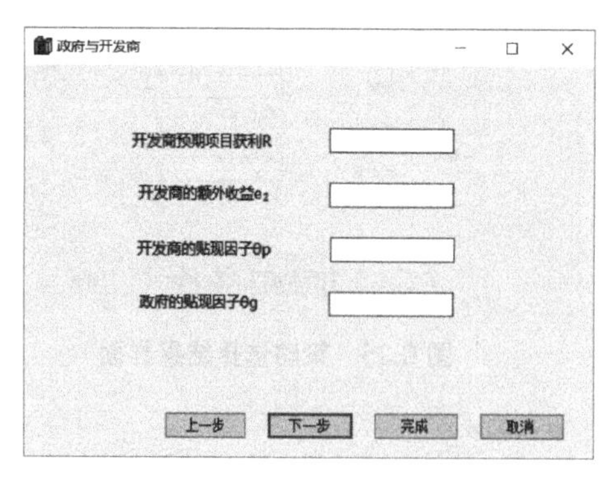

图 6.30　政府与开发商冲突指标输入界面

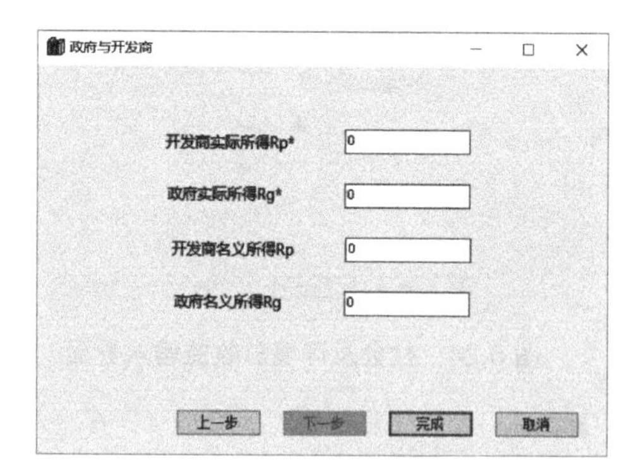

图 6.31　政府与开发商冲突指标输出界面

第 7 章 再生利用效益机制案例——大华 · 1935

7.1 项目概况

大华 · 1935 项目地处西安市太华南路 251 号，位于西安火车站东北方向，西面与大明宫国家遗址公园仅一路之隔，距西安城墙东北角约 600m（图 7.1）。项目占地面积约 140 亩，建筑面积约 8.7 万平方米，由始建于 1934 年的大华纱厂（国营陕西第十一棉纺织厂）再生利用而成。大华 · 1935 作为大明宫国家遗址保护区综合商业配套项目，以完善大明宫区域城市功能，丰富城市内涵，提升城市品位，营造城市亮点，优化城市服务为目标，融合时尚、美食、文化休闲、购物旅游等综合消费业态。并在发展商业的同时，承袭珍贵的近代工业文明遗存，聚集多元艺术文化，集合现代城市的综合功能，囊括文化艺术中心、工业遗产博物馆、小剧场集群等丰富的城市生活，打造创新、文艺、活力的文化商业空间（图 7.2）。

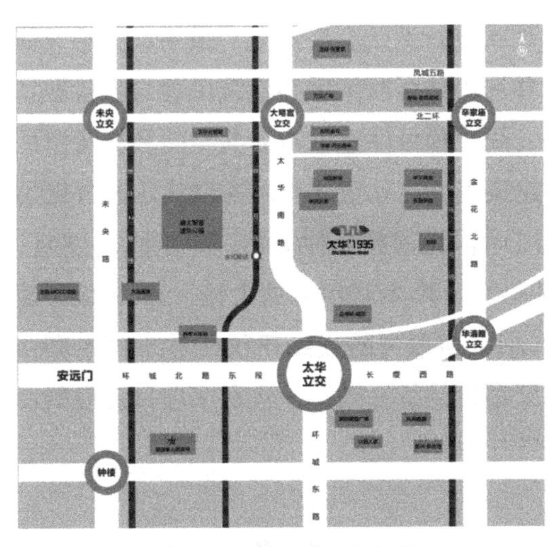

图 7.1 项目区位示意图

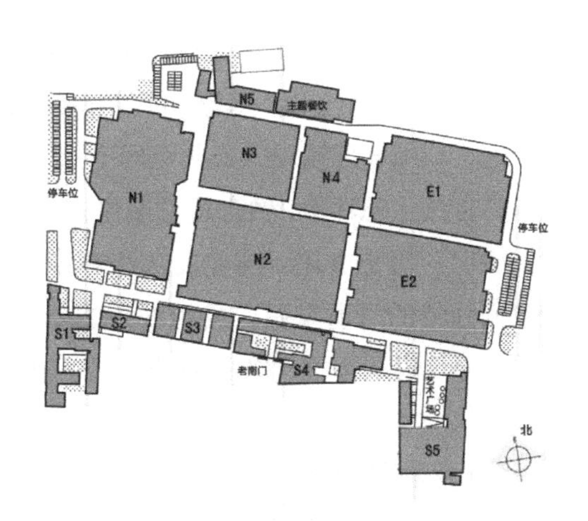

图 7.2 项目平面布置图

7.1.1 项目历史

大华纱厂作为近现代纺织业的重要代表，见证了西部近现代民族纺织工业发轫的创业历程。1934 年大兴公司为躲避日本纱厂杀价倾销而筹划在西安建厂；1935 年 3 月 7 日，陕西省建设厅颁发《建厂许可证》，纱厂破土动工，并于同年 12 月完成全部土建工程；

1936年3月建成投产，同年扩建并成立大华纺织股份公司，取大兴、裕华两公司合办之意。大华纱厂的建立对西北纺织工业发展具有里程碑意义，标志着西安乃至西北纺织业走出农户自产自用和手工作坊阶段，开始采用世界先进的纺织机械进行社会化大生产，由此揭开西安近代纺织工业的序幕。

20世纪90年代，国内老纺织企业由于产业结构调整，开始出现大面积亏损，在经济体制转轨过程中举步维艰，大华纱厂也面临着同样的问题。2008年10月，包括西安大华公司在内的唐华集团五户企业实施政策性破产，至此，大华纱厂的工业使命正式告一段落，可老纱厂的辉煌没有就此结束，而是将以全新的姿态重回人们视野。

西安市国资委于2009年12月30日组建成立西安纺织集团有限责任公司，研究解决西安大华公司产业结构调整问题；2011年1月11日，按照西安市国资发[2011]7号文件精神，将西安大华纺织有限责任公司全部资产（含非经营性资产）和人员（含离退休人员）整体划转移交至西安曲江新区管委会所属的西安曲江大明宫投资（集团）有限公司。2011年6月30日，经西安市工商行政管理局批准，西安曲江大华文化商业运营管理有限公司正式成立。同时成立由众多知名专家学者组成的专业咨询团队和设计组，由中国工程院院士、中国建筑设计研究院副院长、总建筑师崔愷大师进行总体设计，大华纱厂再生利用工程由此展开。

7.1.2 项目再生利用现状

大华·1935项目依据园内遗存建筑的结构现状进行系统有序规划，采用“保护+修缮+建筑”、“适当加减”等多种模式相结合，并选用结合园区现存建筑风貌与现代城市功能的设计方案，取得了较好的再生利用效果。同时项目注重城市公共空间和交流空间的打造，利用合理设置的公共空间节点，改善建筑密度高且空间均质的现状。通过保留院内的自然生态环境，融合历史文化、工业符号、时尚元素等各种资源，实现建筑、景观、工业文明、历史文化、商业及周边环境的完美融合。再生利用后的大华·1935赋予城市空间独特的场所氛围，成为城市的新地标。项目所取得的成绩不仅得益于再生利用效益，而且进一步推动各方面的发展，进而保证项目的综合效益，实现了项目发展的良性循环。

（1）区块划分合理

由于对原有建筑进行了系统有序的规划，项目区块划分合理、各区域功能完备，实现了原有空间高效利用，达到预期的再生利用效果。大华·1935由四个特色版块主题区组成，具体包括综合商业区、特色餐饮区、文化主题区与精品酒店区，详细信息参见表7.1。

（2）传统风貌留存

厂区建筑分别于1990年、1994年经历两次危房改造，修缮过程中运用了许多西式元素。因而现存建筑中不仅有极具民国风格的传统建筑，保持中国古典建筑的对称性和

大华 · 1935 版块分布　　　　**表 7.1**

序号	版块名称	建筑原功能	建筑面积	再生利用效果	图片
1	综合商业区	生产车间	69000m^2	结合原有建筑风貌与现代城市功能	
2	特色餐饮区	财务室、库房、办公室等	8300m^2	保留红砖瓦墙及标语等工业特色，具有独特魅力	
3	文化主题区	锅炉房、老布厂厂房等	23600m^2	高空间、大柱距的建筑构架，简约、复古、大气，原建筑和设备保留，融合历史艺术形成巨大视觉冲击	
4	精品酒店区	原厂招待所	5600m^2	工业美学和后现代主义结构上加入适应性的改造方法，气质别具一格	

整体性的同时，在建筑结构、立面设计上又加入了西式风格。同时拥有具有中国式特色的斗拱式入口柱顶、红瓦斜坡屋顶、青色清水砖面墙，以及非传统样式的平顶设计、拱形开窗、带有外廊的正立面。

再生利用后的大华纱厂，无论是原有建筑及历史痕迹的保留、建筑立面铭牌对建筑原功能的详细介绍，还是大华博物馆内的诸多展品，都为相关人员提供了一个具体而完整的展示空间（如图 7.3 所示）。对于工业历史研究和城市内涵提高，有着显著作用。

(a) 原有建筑留存

(b) 柱顶雕花修复

(c) 原有壁画保留

(d) 铭牌详细记录

图 7.3　项目对传统风貌的保护

(3) 项目配套完善

大华 · 1935 与周边大明宫遗址公园、华润万家超市、大明宫万达广场等商区一起，形成涵盖购物、旅游、参观、住宿、休闲、娱乐等多种功能的完整商区，周边交通方便，同时配套有1200余个车位的停车场，多角度满足人们出行需求。

7.2 大华·1935效益分析

旧工业建筑再生利用作为建筑可持续发展实践的重要组成部分，通过保护、修缮、加固等方式实现使用功能全面提升，以满足现代空间环境及使用功能为目标，蕴含着显著的经济效益、社会效益与环境效益。大华·1935充分利用原有建筑的优势与特点，挖掘旧工业建筑综合价值，促进资源与能源的合理高效利用，确保施工方法及其所用材料的无害性与经济性，塑造弹性灵活且极具适应性的空间系统。在保护旧工业建筑历史、文化以及地域性的同时，优化建筑本体使用功能，激发蕴含其中的潜在价值，使之与现代城市和谐共生，形成相互促进、共同繁荣的良性循环。

7.2.1 经济效益

大华·1935自运营以来取得了十分可观的经济效益。不仅通过商业经营直接取得一定利润，而且在项目建设过程中从对原有结构及材料的再利用、建设规划及施工方案的合理选择，以及相关部门的政策支持等多方面极大节约了工程成本。项目建成后，因其具有良好的区位条件与商业优势，对北郊经济复兴与发展做出巨大贡献。

（1）提高经济收益

从目前的经营情况来看，项目采用综合运营模式，以商业运营为主，创新经营模式，经济效益可观；由于地理位置优越，交通便利，招商初期商户的入驻热情就比较高，且由于大华·1935的可参观性，每日客流量得到了一定的保证，入驻商户开业后营业效果也比较理想。项目采用综合性开发模式，兼顾地方文化特色和商业产业，促使商业集群的产生与产业链形成（图7.4）。通过有机整合商业、文化、艺术等多种城市功能，满足消费者休闲、购物、娱乐为一体的“一站式消费”需求，在业态中形成良性互动。以全新理念打造室内商业步行街，通过建筑功能分区实现综合体中不同业态的划分，却并不是将其分割为完全独立的个体，而是使商业中心内的多种业态有机相联系，引导顾客合理流动，为后期运营与发展奠定了基础。

大华·1935作为大明宫国家遗址保护区综合商业配套项目进行开发建设，与2010年10月正式开园的大明宫国家遗址公园仅一路之隔，在工业文化与历史文化的双元驱动下共同发展。且周围已形成较为完善的配套商区，正北方向有大明宫商圈，其中建成多年的大明宫建材市场已经有稳定的客源，2013年入驻的大明宫万达广场与2019年刚刚开业的四海唐人街更是将西安人的目光引向北郊；向南由地铁四号线、一号线串联解放路、长乐路两大成熟商圈，为大华·1935积攒了充足的客源，置身其间，可以同时接受南、北区域的顾客分流。作为城市综合体，具有文化、商业、科普等多重属性，补足周边区域文化产业缺失的短板，聚集众多创意品牌与新兴业态，吸引众多投资人与消费者，保证了项目的经济效益。

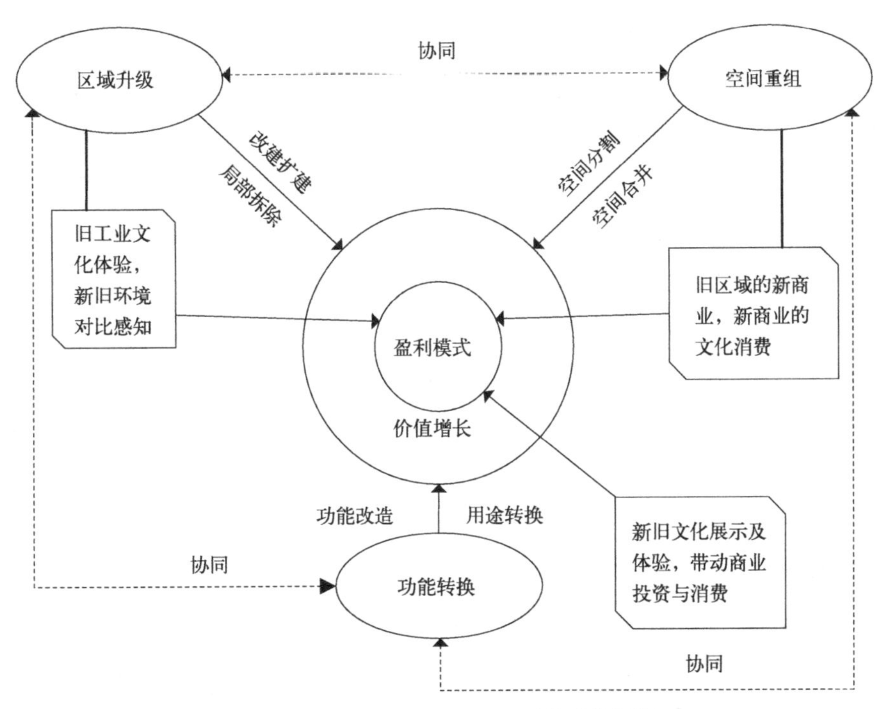

图 7.4　大华·1935 项目盈利模式分析图

(2) 节约建设成本

大华·1935 总投资额约为 3 亿元，单位面积改造费用 3571 元 /m^2，虽然没有达到大程度的成本节约，但相比于新建建筑的单方造价，其建设成本节约额并不低。厂区内工业厂房经检测，其结构性满足改造新用途的要求；墙体饰面保存完好，其中大空间的单体厂房，已再利用为工业博物馆及文化艺术展示厅等，具有较强的功能适应性，以最少的经济投入实现了建筑功能置换。

由于本项目中原生产车间为钢结构厂房，给水排水、电力、燃气动力等基础设施良好，主体结构经检测符合相关要求，原有建筑整体情况良好，不仅为建筑再利用提供了良好的基础，还有效地缩短了建设周期，节省大量场地清理、原有建（构）筑物拆除等前期工作的工作量及相关费用。而其中大跨度坡屋顶砖木结构的老库房具有节点连接科学精巧、稳定牢固的特点，且建筑占地面积大、层数少，内部空间宽敞高大，通过加建、扩建、插建等方式有效地提高了空间利用率。原厂区中延续中国古典建筑对称布局的砖木结构与西洋风格的砖混式建筑结构不仅提升了园区品质，而且通过保护、装饰与利用，可以有效地节约建设成本。

作为旧工业再生利用项目，大华·1935受到了相关政府部门的大力扶持，立项报批手续简化。同时改建项目自身具有成本优势，如建设费用低、建设周期短，且占地区域也不会因为重新规划而受到影响，大幅度减少工作量，有助于实现成本节约。

（3）带动区域经济

厂区地处太华路沿线，地理位置优越、交通便捷、商业价值高，项目平均每年带动300万客流量。不仅可以通过刺激消费直接带动地方经济发展，同时作为融合多种业态的城市综合体，与周边大明宫遗址公园、华润万家超市、大明宫万达广场等商区联动发展，有助于提升商业水平、完善商业网络、发展产业集群化，进而拉动区域经济的协调发展。并在为市民提供全面的一体式服务、提升居民幸福感的同时完善商业网络、发展产业集群化，对于实现西安北郊经济复兴具有积极作用。

在城市经济转型过程中，项目聚集文化产业、电商零售、生活服务等多种新兴业态，在改善工业区投资环境的同时，也必将带动区域经济的复苏与发展。由于大华·1935具有多元化特点，能够有效地提升周边商业水平，使得周边商业活动更加频繁，有利于繁荣周边地区经济，进而助力打破道北魔咒，实现北郊区域经济的突破性发展。

7.2.2 社会效益

大华纱厂建成八十余年，历经民国时期、抗日战争时期、解放战争时期，是新中国风雨兼程的见证者。作为西北建立最早、规模最大的机器纺织企业，大华纱厂勇于担当社会使命，曾为抗日战争和西部民族工商业的发展做出重大贡献。大华·1935不仅承载着大华纱厂的记忆还继承了大华纱厂的精神，为社会发展做出不容忽视的贡献。从城市层面，项目展示了西安的百年发展历程，探索了城市发展“新与旧”的多样性发展道路；从区域层面，与大明宫遗址公园形成历史文化与工业文明互补发展的双元核心，将推动地区整体发展；从社区层面，居民对于生活质量的追求日益提高，亟须改善生活空间，项目在提供就业机会的同时，提升社区品质，满足社区居民的休闲文化需求。

（1）丰富城市空间

大华·1935处处体现着建筑的民族性与地方性，对于千篇一律的建筑趋势，本项目秉承保护建筑传统风貌与历史记忆，尊重场所精神的原则，充分地展现了工业文明与地域特色。在材料运用方便，就地取材，对原有建筑拆除遗留下的砖瓦等材料进行再利用，使其与现代花岗岩或水泥板进行拼接，形成全新的构图方式，巧妙地将不同时期的建筑风格融为一体。项目经设计团队系统规划，对原有建筑采取适当的再生利用策略，并制订切实可行的方案，使之维持原有文化特色，恢复自身活力，在改善环境的同时将传统风貌融入现代生活，丰富了城市的建筑形态。

城市的良性发展不仅要考虑经济的稳定与发展，还要注重多样性。从社会角度看，多样性是城市的天性，城市空间的多样性有助于城市机能的良性运转，合理保留各个时期的旧工业建筑，使其得以共存，对于丰富城市肌理、活跃城市空间至关重要。本项目塑造了古朴与时尚相得益彰的全新环境，营建出富有民族工业特色的场所精神。保留下来的锯齿屋顶、钢三角结构等元素打破了时空界线，带领着现今的人们阅读和认知中国民族工业的发展历史，感受老一辈制造者的工业精神，时刻宣扬着爱国情怀。建筑是活着的历史，也是触手可及的时代记忆，项目通过对旧工业建筑的再生利用，合理保留城市发展的历史片段，赋予城市建筑生态更丰富的内涵，从而也有效地防止了城市建设中的大拆大建，促进城市空间多样性的良性循环。

在保护城市记忆的同时，大华・1935 为城市发展注入许多新鲜元素和创新理念，为旧工业建筑的保护、改造和利用提供了新的契机和发展模式，也意味着将会有更多旧厂房和仓库区被赋予新的使用功能，有利于发展多样性的城市空间，使城市功能日趋完善，进而推动城市经济可持续发展。随着大量艺术元素的集聚，多种文化之间相互交流、借鉴与融合，也使得园区的创意氛围日益浓厚，带动相关产业发展，有助于文化产业集聚区的形成。园区不仅注重文化创意等软实力，同时对基础设施、安保系统等进行不断完善，有效提升城市空间品质。

(2) 维护区域稳定与发展

大华・1935 通过保留场所记忆、提供就业机会等多种方式促进与周边居民区的紧密联系，从而维护了区域的治安环境，使区域社会发展中存在的一系列问题得以解决，如产业单一、发展滞后等，打破了“道北”一直以来无人问津的困境。并且由于有了大华・1935 这个坚实的后盾，极大地增强附近区域居民对于区域建设发展的信心与关注度，可以有效化解可能出现的社会不稳定因素，对和谐社会的建设起到了极大促进作用。

此外，项目通过系统的规划设计，各区域划分合理，大幅度提高空间与资源的利用效率，合理利用城市土地资源，盘活中心城区存量土地，对北郊的区域建设起到了引领作用。同时由于兼具商业功能和文化功能，以“商业”和“文化”带动区域价值，对于发展产业集群化、提高区域发展水平意义重大。

(3) 提高居民生活品质

本项目通过对原有建筑的保护、修缮与更新改造，实现使用功能全面提升，以满足现代空间环境与使用功能要求，为人们提供更为舒适的环境空间和休闲场所。并且通过有选择、有代表地对旧工业建筑进行再生利用，使其建筑生命和城市历史一起得以延续，是对城市特色和历史文脉的继承性保护，不仅保留了西安工业发展的历史痕迹，也为人们回忆过去创造客观条件。同时在完善基础设施、提升周边环境、扩大绿化面积以及丰富文化娱乐等多方面带动配套设施建设，为人们提供更好的生活条件和社会服务，满足周边居民的生活品质需求。

大华纱厂虽位于城市边缘，但经过几十年发展，周边已形成稳定的社区空间，其中居民主要为退休老人、下岗工人及个体经营者等群体。项目在设计、建设、运营的每个阶段都需要大量人员参与，因而可以为周边居民提供就业岗位。项目建成后，作为融合时尚、美食、文化休闲、购物旅游等多元消费业态的综合商业体，不仅创造更多就业岗位直接解决就业问题，多元商业模式的介入为区域发展注入新鲜血液，也有助于改善就业环境。

（4）提升文化氛围

大华纱厂的更新不仅能够改善物质环境，还实现了精神文化的全面提升。其曲折而坚韧的发展历程本身就是一部中国近现代民族工业发展的历史缩影，承载了极为深厚的文化积淀。再生利用后的大华·1935 不仅使不同时期的工业建筑得以共存，还融合了不同时期的历史与文化，在古城文化内涵的深化上发挥着显著的作用。随着市行政中心北迁，与大量新西安人涌入，城北在西安市已经开始扮演不可复制的重要角色，如今在大华·1935 与大明宫遗址公园的带动下，有望实现工业文化与历史文化的协同发展。

园区内的大华博物馆结合工业建筑大体量、空间充足的建筑结构特色，为工业历史的展现提供了平台（图 7.5）。采用综合再生利用、工业旅游等模式，避免人流量不足、维护费用大、经济性差的弊端，在展现工业文明、提高城市内涵的同时，得到了经济方面的保障，进而得以更好地服务大众。

大华·1935 中的小剧场集群作为文化主题区的重要组成部分，涵盖话剧、音乐、舞蹈等多种表演艺术以及绘画、摄影等视觉艺术的展示，作为西北地区首家高规格、高品质的集群式剧场，不仅填补了西北五省小剧场演出市场的空白，而且丰富了市民的精神文化生活（图 7.6）。园区还会定期举行文化展览、文创市集等创意活动。综上所述，大华纱厂再生利用对于大幅度改善城市文化氛围，提高居民生活质量，推动地区物质文明、精神文明的建设与发展，做出了不容忽视的贡献。

图 7.5　大华博物馆

图 7.6　大华·1935 剧场

7.2.3　环境效益

对于旧工业建筑的保护，现有较为成熟的经验是在完整保留原有建筑外表时代特色的前提下，经过改造使其内部空间产生新的使用功能，延长原有建筑生命周期。大华 · 1935 项目在最大限度地保护建筑原有风貌的基础上进行规划设计，保留了锯齿形采光窗屋顶、钢三角结构厂房等特色元素，并且注重结合现代城市功能，融入时尚元素，不仅实现园区内部景观的和谐统一，更是达成了与区域周边环境的完美融合。

(1) 能源节约

因厂区内大多是大跨度单层建筑，内部空间布置可灵活分隔，在建筑内部形成新的空气对流系统，使室内空气换气量加大并在墙面及屋面添加保温隔热材料，以减少空调使用，节约能源。并在中庭采光空间引入绿化植物，在满足视觉享受的同时，也提高了室内的空气质量，满足新环境新功能的需求，使得生态效益愈发显现出来。

(2) 资源节约

在建设过程中，项目注重对现有资源进行循环再利用，一方面保存了旧工业建筑自身蕴含的能源，另一方面避免了拆除旧建筑带来的能源消耗问题，如拆除建筑需要耗费的人力资源、运输和处理建筑垃圾所需的能源等。同时再生利用还减轻了施工过程中给城市交通、能源带来的压力，减少建筑垃圾对城市环境的污染，具有十分可观的节能价值和生态价值。项目对于旧工业建筑的再生利用符合建筑可持续发展观要求，是可持续建筑设计、施工、管理的重要实践。

(3) 环境提升

园区保留建厂过程中种植的法桐、刺槐、泡桐、国槐、加杨等高大乔木，大多数树冠直径大于 15m，与厂房建筑构成大华 · 1935 宝贵的遗产资源（图 7.7）。这不仅保护了园区既有的生态系统，同时形成独特的美学效果，打造更宜人的生态环境。项目在设计时注重结合原厂区特征，充分利用原有材料、设备进行改造，打造极具工业特色的园林景观（图 7.8）。项目在很大程度上对西安的环境治理起到示范作用，同时也能够对城市的可持续发展做出重大贡献。

图 7.7　街巷景观

图 7.8　入口景观

7.3 大华·1935效益评价

7.3.1 效益评价模型计算

根据已经收集到的原大华纱厂旧工业建筑再生利用项目实施过程中的基础资料，通过专家和参建人员的定量评值，应用本书第2章所述的项目效果评价方法，评价过程如下。

（1）关联度计算

在两步控制中，对各二级指标的关联度进行取小运算，计算结果无负向关联度项（见表7.2），表明各项均不必进行整改，因此可以按照每个指标设定的关联函数进行关联度计算。

其中关联函数的三种形式如下所述，相关原理详见第2章。

式1：当$M=\frac{a+b}{2}$时，$k(x)=\begin{cases}\frac{2(x-a)}{b-a}, & x\leqslant\frac{a+b}{2}\\ \frac{2(b-x)}{b-a}, & x\geqslant\frac{a+b}{2}\end{cases}$

式2：当$M=a$时，$k(x)=\begin{cases}\frac{x-a}{b-a},x<a\\ \frac{b-x}{b-a},x>a\\ k(a)=0\vee 1,x=a\end{cases}$

式3：当$M=b$时，$k(x)=\begin{cases}\frac{x-a}{b-a},x<b\\ \frac{b-x}{b-a},x>b\\ k(b)=0\vee 1,x=b\end{cases}$

（2）评价指标权系数确定

制订调研问卷，组织54名专家对各项指标进行重要性“排序”，采用本书第2章所述“结构熵权法”，计算得出各评价指标权系数（见表7.2）。

（3）关联度取小优度评价

在计算得出二级衡量指标的规范关联度后，计算$C(SI)$结果为：

$$C(SI)=\mathop{\Lambda}_{i=1}^{3}\left(\mathop{\Lambda}_{j=1}^{n}k_{ij}\right)=0$$

说明需要结合“综合优度评价”共同分析。

（4）综合优度评价

根据表中信息，逐级计算优度进行综合评价。考虑缺失评价值的指标，将其权系数平均分配给其他指标。

$$C(SI_1)=\alpha_{11}\times K(SI_{11})+\alpha_{12}\times K(SI_{12})+\alpha_{13}\times K(SI_{13})+\alpha_{14}\times K(SI_{14})=0.718$$
$$C(SI_2)=\alpha_{21}\times K(SI_{21})+\alpha_{22}\times K(SI_{22})+\cdots+\alpha_{211}\times K(SI_{211})=0.712$$
$$C(SI_3)=\alpha_{31}\times K(SI_{31})+\alpha_{32}\times K(SI_{32})+\cdots+\alpha_{311}\times K(SI_{311})=0.573$$
$$C(SI)=\alpha_1\times K(SI_1)+\alpha_2\times K(SI_2)+\alpha_3\times K(SI_3)=0.69866>0$$

项目效果评价值和关联度　　　　表 7.2

一级指标		二级指标					
SI_i	α_i	SI_{ij}	V_{ij}	α_{ij}	K_{ij}	评价值	关联度
SI_1	0.422	SI_{11}	[0，1]	0.255	式 3	0.76	0.76
		SI_{12}	[0，1]	0.245	式 3	0.82	0.82
		SI_{13}	[0，1]	0.202	式 3	0.72	0.72
		SI_{14}	[a_{14}，b_{14}]	0.165	式 1	1350	0.5
		SI_{15}	[a_{15}，b_{15}]	0.133	式 3	缺失	缺失
SI_2	0.36	SI_{21}	[0，1]	0.162	式 3	0.84	0.84
		SI_{22}	[0，1]	0.081	式 3	0.78	0.78
		SI_{23}	[0，1]	0.097	式 3	0.8	0.8
		SI_{24}	[0，1]	0.134	式 3	0.62	0.62
		SI_{25}	[0，1]	0.119	式 3	0.63	0.63
		SI_{26}	[0，1]	0.082	式 2	0.25	0.75
		SI_{27}	[0，1]	0.094	式 3	0.74	0.74
		SI_{28}	[0，1]	0.061	式 3	0.66	0.66
		SI_{29}	[0，1]	0.057	式 3	0.54	0.54
		SI_{210}	[0，1]	0.052	式 3	0.72	0.72
		SI_{211}	[0，1]	0.061	式 3	0.63	0.62
SI3	0.218	SI_{31}	[0，1]	0.148	式 3	0.76	0.76
		SI_{32}	[0，0.5]	0.138	式 3	0.5	0.5
		SI_{33}	[0，0.5]	0.126	式 3	0.32	0.64
		SI_{34}	[0，1]	0.119	式 3	0	0
		SI_{35}	[0，1]	0.099	式 3	0.68	0.68
		SI_{36}	[0，1]	0.087	式 3	0.5	0.5
		SI_{37}	[0，1]	0.071	式 3	0.82	0.82
		SI_{38}	[0，1]	0.061	式 3	0.6	0.6
		SI_{39}	[0，200]	0.051	式 2	73	0.635
		SI_{310}	[30，65]	0.063	式 2	35	0.857
		SI_{311}	[0，1]	0.037	式 3	0.5	0.5

7.3.2 效益评价结果分析

通过以上评价过程可以看出，该项目未通过关联度取小优度评价，但综合评价计算得出 $C(SI)>0$，可认为通过综合优度评价。说明项目从总体上满足可持续发展要求，局部仍需做进一步调整，具有“可利用性”，并确定关联度为0的指标项为“节能措施对总能耗的降低程度”。

依据该项指标结果结合项目情况进行进一步分析，发现节能措施未达预期效果主要有两个原因，一方面是由于旧工业建筑年久失修，围护结构裂缝、热桥部位难以完全修复，另一方面是由于原有建筑结构高大，热量散失较快，导致节能效果不明显。因此，应结合本项目中原建筑的结构特点，专门研究相适应的节能技术、节能材料和方案，以提高围护结构的热工性能，并配合室内采暖系统和热源热网改造同步进行，集成节能技术的叠加效应。

通过对可拓评价模型在本项目中的实际运用可以看出，该模型运算简单，评价过程清晰，评价模型的科学性和可操作性较强，便于使用。且该评价模型采用结构熵权法确定指标权重，定性分析与定量分析相结合，保证了评价结果客观准确。

7.4 优化建议

（1）创新招商策略

大华·1935运营至今虽已取得了显著的经济收益，但与预期热度还存在很大差距。一方面项目作为主题园区，园区内部商铺不临街，且周围除原职工住宅外没有其他住宅区，较为空旷；另一方面园区客源较为单一，以摄影爱好者、附近学校的学生为主，具有一定的局限性。目前曲江大华文化商业运营管理有限公司采取多种招商方式、创新宣传策略已初见成效，如建立“大华·1935”微信公众号；印发“大华·1935”宣传手册；刻录名为“兴起·涅槃”主题光盘；人文纪录片《大华·1935》于2013年6月在CCTV-10《探索发现》节目首播，起到良好的宣传作用。

西安文化创意产业日益发展，与本项目相似的半坡国际艺术区、老钢厂设计创意产业园也实现了蓬勃发展。在竞争日益激烈的背景下，以优惠政策吸引商家等传统招商思维，已不能完全满足园区需求，注重用户关注度的流量思维逐步成为招商的关键。可从线上、线下全方位考虑，如通过微信、微博等社交媒介持续宣传，从线上增加园区流量，并将流量导入线下，同步提供良好的线下体验以吸引商户入驻。充分利用网络优势进行线上宣传，不仅增加了园区的流量，还有助于提高园区知名度，对于园区发展意义重大。

其次，园区应注重商业功能、文化功能的协同发展，提供兼具生活性与娱乐性的全方位服务，以满足人们的多样化需求，进而发展为聚集人气的特色区域。旧工业建筑的再生利用并不是一劳永逸的工程，后期的运营与维护同样具有至关重要的作用。园区可以引入社会资本共同运营管理，有针对性地引进一些中、低端客户进行多元化经营；同时可以依托园区的文化资源优势，举办一些与自身特色相关联的创意活动，提升其自身影响力和知名度；利用大华博物馆的科普教育功能吸引更广泛的受众群体，拓宽服务对象。

（2）完善安保系统

园区北邻西安火车站，过往人员较为杂乱，故治安难以得到有效保证，且园区建成较早，现有安保系统亟需优化升级。因此，应根据园区自身需求建立相适应的信息化安保系统，制定完善的管理制度。首先应加强相关基础设施建设，如在厂区内设置门禁系统、红外线布防报警系统及监控系统等，并定期检查设备的完好程度，对监控效果不好的薄弱环节应安排重点巡查。此外，应设立专门的中控室，要求对园区及附近区域进行实时监控，并重点关注周边环境及交通问题的治理。与此同时，安保团队的建设也至关重要，管理人员应以精益求精、一丝不苟的工作作风，整体提升园区的防范应急能力，确保园区安全有序运行；直接责任人员应严格遵守相关规范，扎实有效地推进各项安保工作。

（3）加强环境治理

项目在规划设计过程中通过内部空间重组、引入自然采光等方式实现了一定的环境效益，但仍存在显著的环境问题，如部分管线雨污混流，废弃物处理能力不足等。面对资源短缺和环境污染的严峻形势，提高节能减排效益不仅可以为园区节约经营成本，对于环境可持续发展也具有重大意义。

园区应对现有管路实时维护、定期检修，随着科技的发展，可以考虑在经济允许的情况下进行系统更新升级。2019 年以来，我国已有多个城市开展垃圾强制分类，且已取得一定成效。园区作为西安的地标之一，应积极响应垃圾分类的新规定，制定切实可行的管理方案，严格实行垃圾分类制度，在减轻清洁人员工作强度的同时改善园区环境。

（4）改进景观设计

园区内路面为修缮的水泥地面和原有砖路面，除特色餐饮一条街旁仅存的古树外，并无新添绿植；园区内厂房大部分为单层厂房，且高度较高，种植树木数量不足使得夏季厂房内阳光直射，导致室内温度较高，不利于办公或其他活动。为此，建议运营管理单位在充分保护原有古树的基础上，以适地适树为原则，移入新的树木，也可通过增加草坪和灌木来增加绿化面积。

由于既有建筑的位置、朝向和体量具有相对固定性，导致景观序列变化不足，缺乏景观节点与景观高潮。具体表现为虽然初入大华会有很强的时代代入感，但由于景观体系安排上欠妥当，深入园区后却略显单调。在调查的过程中，人们反映最多的就是，“初时惊艳、走多都一样”。经实地调研分析发现，这是由于改造手法上对于单一元素的处理缺乏变化、景观序列连续重复。因此应在景观的安排上增加系统性变化，在关键节点处整合出一些公共空间加以强调。此外，项目除了西广场和东边停车空地，其他部分多以小巷为主，可以运用小广场空间破除街巷局限，适当增加文化景观节点，让人们放慢脚步，更深刻地体会到大华・1935 所蕴含的独特魅力。

第 8 章　再生利用补偿机制案例——陕西老钢厂

8.1　项目概况

西安建筑科技大学华清学院，位于西安市幸福南路 109 号，它的前身为陕西钢铁厂。1956 年，位于西安二环东南角的陕西钢铁厂成立。1965 年投产使用，年产 50 万～60 万吨钢，属于中型企业，占地面积为 900 多亩、建筑面积近 20 万平方米。陕西钢铁厂曾为我国的国防事业和西安的经济发展做出突出贡献，但随着时代的发展，20 世纪末大量的钢厂濒临倒闭，陕西钢铁厂也未能幸免，陷入衰败的境地，于 2001 年破产。同年，西安建筑科技大学策划收购陕钢作为其第二校区，即现在的华清学院。

8.1.1　项目历史

陕西钢铁厂（以下简称陕钢）原为全国十大特钢企业之一，在 20 世纪 80 年代中期达到顶峰。90 年代，随着国家产业结构的调整，陕钢经济效益日渐衰退。从 1998 年到 2001 年，企业逐渐停产，工人下岗，厂区日益萧条，大量的土地、建筑被废弃和闲置。如何进行功能置换，使土地效益得到较好发挥，是摆在人们面前的一个重要难题。

陕钢厂区可以分为三部分，即办公生活区、生产区和仓库区。厂区的南部是办公区，原有的建筑功能为厂办公楼、计算机站、公安处、食堂。北侧的生活区，有汽车库、动力办公、食堂、后勤等功能。生产区位于中部，主要为大型的厂房，当时的车间有轧钢车间、拉丝车间和酸洗车间。仓库区位于厂区东侧，现个别仓库暂时作为省建六公司遗留建筑材料的仓储用房。

厂房建筑质量较好，结构稳固，空间跨度较大，可利用性强，适宜用作购物中心、展览馆、博物馆等大型商业文化设施的建设。原厂区主要生产特种钢，厂区道路的设计施工维护程度高，保存较好。行道树以法桐和大叶女贞居多，由于栽植较早，很多树已经生长多年，枝繁叶茂，为用地提供良好的景观生态价值。再生利用前建筑照片如图 8.1 ～图 8.6 所示。

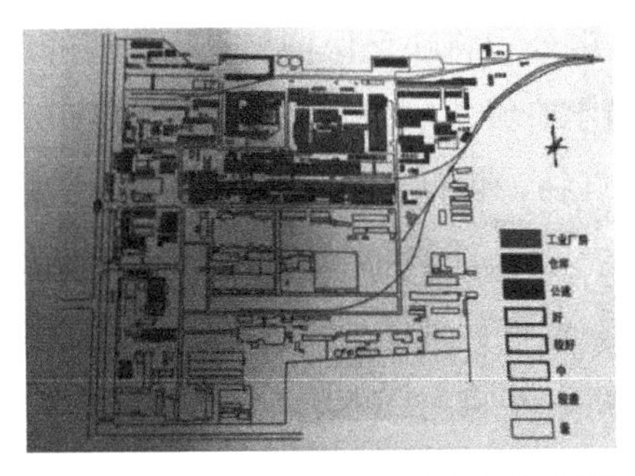

图 8.1　改造前厂区总平面图（来源：网络）

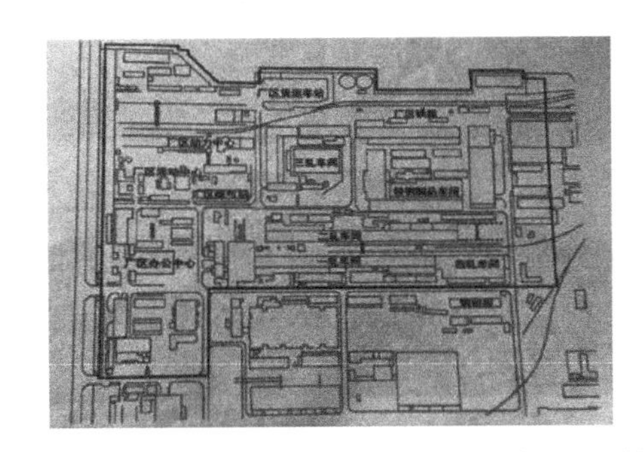

图 8.2　规划范围功能布局平面图（来源：网络）

图 8.3　改造前建筑原二轧车间（来源：网络）

图 8.4　原二轧车间机修车间（来源：网络）

图 8.5　原煤气发送生站（来源：网络）

图 8.6　原一轧车间加热炉附跨（来源：网络）

8.1.2　规划设计

（1）再生利用概况

老钢厂创意产业园——老钢厂产业园区位于幸福南路西建大华清学院东侧，西靠城市规划绿化带，南靠华清学府城。按照区域规划设计要求，特钢厂将作为设计工业园区规划，总面积约 50 亩，原建筑面积约 15000m^2，再生利用后总建筑面积约 4 万 m^2。园区内经常举办各种高级艺术展览，对提高校园学生整体素质有很大帮助；园区内丰富的业态也为学生课余参观实习提供了机会。陕钢厂的特殊位置和相对优惠的租金不仅可以满足学校师生的生活需求，也是鼓励大学生自主创业的又一途径，“校园内的设计培训”、“学姐的店”成为实际而又吸引人的商业噱头，如图 8.7 所示。同时，创意产业的灵活性可以推动周边经济的发展。

根据拍卖政策与规划，西安建大科教产业有限公司将缺乏保护与利用价值的厂房拆除，为剩余土地启动了房地产开发项目——华清学府城。华清学府城总面积586亩，总规划建筑面积1354670m^2。该项目共有59幢建筑物，包括3幢商业建筑和14幢高层、小高层建筑。小区内配套建有面积为4500m^{2}的幼儿园、8000m^{2}的小学，5000m^{2}的大型会所。周边的生活设施完善，学校、企业、娱乐、餐饮、医疗、金融、通信等全面覆盖，以及沿街的商业开发可以满足业主多方面生活需求。如图8.8所示。

图8.7 老钢厂创意产业园（来源：网络）

图8.8 华清学府城（来源：网络）

（2）整体规划

华清学院教学园区的建设规划及重点工程设计由我国著名建筑设计大师刘克成教授主持。在合理利用陕西钢铁厂原有旧工业建筑资源的基础上，对原有建筑物进行了大胆新颖的设计，充分保留了原有建筑风貌，凸显了旧厂房由兴盛至衰败的历史演变。

根据园区所在地的区位优势，结合西安市的总体规划，老钢厂文化创意园的规划设计按照整体功能协调的原则，对旧工业建筑进行合理的改造和再利用，同时保留了原有道路网络及大量原生树木和植被，众多的工业景观也依据原有机械或设备设计而成。园区内主要的建筑物大多在原陕钢厂旧工业建筑的基础上进行局部改造或扩建完成，并根据实际情况进行可行性研究做出决策。其整体规划见表8.1。

老钢厂文化创意园总体规划解析 表8.1

序号	名称	规划内容
1	区位优势	根据西安市城市总体规划，加强二环沿线的基础设施建设，规划大片的住宅区和大型公用建筑，该政策涉及园区周围的一些大型项目，为园区建设提供了良好的外部环境和发展机会。
2	西安建筑科技大学华清学院	原陕钢厂在生产经营模式上经历了一体化到部分相对独立，至分公司承包，再至分公司独立运营的过程。这种生产经营模式的转变在生产线流程的变化和工业建筑的分布格局上有着充分体现。在陕西钢铁厂原有功能区划的基础上，学区分为教学区、体育区、综合服务区和住宿区，并结合教育所需的基本功能。根据原有建筑的特点和学校学生的需求，规划了建筑面积较大的第一、二轧厂区域作为教学区域，原煤场改造为运动区域。对于中等容量，原有的具有独特外形的天然气发电站区域被规划为综合服务区域。对于拥有更多简易建筑的东部储藏区和既有的铁路专线，将其再利用为特殊的住宿区。这样的规划设计可以有效符合学生住宿、教学、体育等的规划理念。

续表

序号	名称	规划内容
3	老钢厂创意产业园	根据华清学院的现状和长远规划，老钢厂创意产业园区重新整合了园区的旧工业建筑。老钢厂创意产业园分为四个功能模块——文化艺术展示区、创意设计工作区、综合商业区、教学文化区。利用外部街道作为商店，弥补校园内缺乏商业设施的缺陷，它相对私密，现在是教师的工作室和办公室。
4	华清学府城	华清学府城是西安市政府批准的商品住宅社区建设项目，西安市首席学府住宅。华清学府城房地产项目分六期实施，计划建设 123 栋住宅楼，绿化率 43%，规划总建筑面积 135 万 m^2，户籍总数 1 万户，居民总数 32000 人。一期工程占地面积 83200m^2，计划投资 4.314 亿元，规划建筑面积 244500m^2，户数 2380 户，居住人数约 7616 人，社区内配备有小学、幼儿园等。
5	路网设计	原厂区内道路宽敞且具有较大的回转半径，有足够的承载能力，主干道保存完好，道路质量较高，路两侧植有高大行道树。在改造过程中，原厂区良好的道路得到充分利用，主要道路得到维护，并根据功能区划设置了多条辅助道路。
6	环境改造	在改变商业模式的过程中，旧工业区的环境改造出现了每个车间相对独立的运营期，并建造了大量简易和临时的小型建筑。在进行整体规划时，为了满足小镇景观设计和场地规划，拆除了大量小型建筑物。原陕西钢铁厂的东方红广场是一个入口广场，同时也是一个小型建筑物的聚集地，聚集了大量如车棚、小型仓库等建筑物。

8.1.3　再生效果

结合原有的交通系统和建筑的结构特点，在规划设计中将新老建筑融合，保持了原有工业特色，满足功能需求。在转型过程中，坚持历史背景和场地文化的延续，坚持最大化旧工业建筑改造和再利用的设计原则，创造了满足高校教学、生活与研究创新的功能空间。同时，根据老钢厂的生态环境特点，结合文教类建筑需要的室外空间，创造出良好的外部空间环境，赋予其生命力，同时也提升着周围环境品质。这一成功案例将为今后旧工业建筑再生利用为文教建筑区提供非常宝贵的经验，具有重要的现实意义。再生利用后部分效果如图 8.9 ～图 8.14 所示。

园区对旧工业建筑进行保护再利用，既有助于节约资源和建设成本，重现场地历史记忆，又为周边区域注入新的生机和活力，推动文化创意产业的发展，进而推动整个区域的发展。老钢厂文化创意产业园计划容纳近 200 家企业，直接提供就业岗位 2160 个，

图 8.9　园区原有梧桐树被保留

图 8.10　再生利用后的一号教学楼

图 8.11　图书馆改造后外立面图

图 8.12　园区绿化

图 8.13　园区保留的风车

图 8.14　园区原有路网被保留

入驻企业与公司带动的商品物流供应链及衍生文化效应将带动本区相关产业的发展，拉动的间接就业岗位预计达 3000 个，可有效安置当地剩余劳动力，对促进当地就业，减缓就业压力有积极的现实意义。

8.2　补偿机制

8.2.1　相关主体

陕西钢铁厂的再生利用由政府主导，并承担改造费用，由西安建大华清科教产业集团与西安世界之窗产业园投资管理有限公司共同开发，陕西钢铁厂再生利用项目是典型的三方合作再生利用开发模式。

（1）原企业

陕西钢铁厂 1965 年投产，20 世纪 90 年代后期，因各种原因在市场经济大潮中日渐衰败，于 1999 年 1 月全面停产。停产后因严重资不抵债，导致拖欠职工工资数额巨大，引发群体事件，社会影响较为恶劣，成为陕西国企破产改革、社会稳定和大众关注的焦点。

（2）西安建大科教产业有限责任公司

西安建大科教产业有限责任公司以 2.3 亿元收购陕钢厂资产，并以此为契机，推动学校的跨越式发展。为通过市场运作推进陕钢厂的收购，公司于 2002 年 8 月，与陕西龙门钢铁有限责任公司、陕西长城建设有限责任公司等单位共同发起成立西安建大科教产业有限责任公司，以该公司作为收购陕钢的主体。

(3) 西安市新城区政府

在政府的指导下，展开了对陕钢厂的再生利用建设工作。西安建大科教产业公司配合政府优化产业布局，并发展产业、教育、开发三者为一体的“产、学、研”综合发展平台，有效地缓解了老校区的压力，带动周边区域经济稳定发展。

8.2.2　开发模式及业态分布

老钢厂创意产业园区属于三方合作开发模式，园区入驻企业分创意办公、文化商业、展示展览三类，共计商户一百余家。其中创意办公类包含景观、建筑等设计类企业，出版策划等文创类机构，众创空间基地的创智类企业；文化商业类包含摄影机构、主题酒店、餐饮店等商户；展示展览类为老钢厂艺术中心，作为园区文化与艺术的展示空间。园区的业态分布模式见表 8.2。

园区业态分布模式一览表　　表 8.2

序号	楼号	业态分布模式	举例
1	1 号、2 号	办公模式	本地出版策划类的文创机构
2	3 号	商业模式	花房瑜伽
3	4 号、5 号、6 号	商业兼办公模式	低层商铺多为餐饮、零售，上层为设计公司
4	7 号、8 号、9 号	商业兼办公模式	红人装、缤果儿童摄影
5	10 号	办公模式	艺术家工作室
6	11 号	商业模式	左右客酒店
7	12 号	展示展览类的艺术空间	老钢厂艺术中心

8.2.3　补偿标准

政府对于老钢厂再生利用的补偿遵循程序公开、结果公正公平的标准。政府需就职工的安置补偿方案与其进行协商，并根据原企业职工的配合程度制定了有效的补偿机制。首先，政府为安置原 600 名破产企业职工支付的安置补贴为 1080 万元。其次，为破产企业职工推荐再次就业、合理补贴等，并及时将结果向社会公众公开，遵循正当的法律程序，充分维护了受偿者的切身利益。

政府出于改善城市环境、提高城市品位、合理配置城市土地资源的目的，进行旧工业建筑再生利用。此外，政府在获益的同时，也制定了相关财政扶持政策，例如出台优惠政策、减免地价以及减免有关税费等。

8.2.4 补偿模式

老钢厂的再生利用为政府补偿模式，西安世界之窗产业园投资管理有限公司与华清科教产业集团联合开发。本项目的政府补偿机制是影响开发商是否愿意投资、原企业职工能否得到妥善安置的关键，直接关系到开发商与原企业职工的利益及政府目标的实现。

原有企业政策性破产后，旧工业建筑进入再利用阶段，再利用前后原企业职工的收益有所不同，政府需就职工的安置补偿机制与其进行协商。老钢厂再生利用后，政府对于原企业职工的补偿方式为推荐再次就业，同时，对于不能再次就业的职工，政府需要权衡社会公正与原企业职工的利益，给予合理的补贴。老钢厂停产前厂内仍有在册职工7000余名，一年仅工资等基本费用就达3000余万元，破产拍卖成为陕钢厂唯一的出路。2002年，陕钢厂进行破产拍卖。同年10月，西安建大科教产业有限责任公司成功以2.3亿元收购陕钢厂资产，并在西安建大科教产业园的基础上，成功地安置了原厂2500余名职工，一定程度上保证了社会稳定。

8.3 优化建议

（1）补偿方式多元化

政府对于老钢厂原有职工的补偿方式为创造新的就业机会，对职工进行安置补偿，政府对投资方的补偿方式为给予税收优惠、政策支持等。对老钢厂原有职工和投资方补偿的方式均较为单一，应考虑补偿方式的多样化，以供受偿者自由选择，充分保障受偿者的切身利益。

（2）明确补偿范围

对于原有企业职工的补偿，由于补偿范围和制度的缺陷，导致存有部分不满情绪，政府对于是否补偿和补偿多少缺乏足够的谈判或协商。同时由于补偿机制的不健全、缺失，导致项目进行受阻。所以，对于受偿者的补偿要明确范围，最大限度保障受偿者的利益。

（3）补偿标准和补偿形式能满足现实需要

对于老钢厂原有职工的补偿起初未能满足受偿者的需求，导致原企业职工与政府就补偿标准和形式协商未果。政府和开发商应该商讨出最有利于受偿者切身利益的补偿机制，给予受偿者最合理的补偿量和补偿形式。

（4）完善服务设施

同片区存在商业服务设施不足，特别是以文化为主的商业服务设施缺乏的问题。现状多为沿街小型商业，其规模等级均不足以成为片区服务的商业中心。自2002年老钢厂经过再生利用以来，已吸引许多商家在片区内经营，但这些商业仍是规模小、档次低且沿街布置，与之前并无差异。因此，需要通过地段内商业服务设施的综合型管理，为地段积累人气，提高商业服务品质，促进片区空间活力的提升。

第 9 章　再生利用监管机制案例——北京 798

9.1　项目概况

798 艺术区坐落于北京市朝阳区酒仙桥大山子地区（如图 9.1 所示），故又称为“大山子艺术区”（Dashanzi Art District，DAD）。项目西起酒仙桥路，东邻京包铁路、北靠酒仙桥北路，南接将台路，旁边有机场高速公路通过，交通十分便利。园区占地面积近 30 万平方米，建筑面积 20.37 万平方米，聚集了 400 多家艺术机构，厂区每年可以创造约 3 亿元人民币的文化价值，其中直接收入达 3000 多万元。园区现权属北京七星华电科技集团有限责任公司，该公司由原属国家电子部的 6 家工厂整合而成，其前身 718 联合厂是国家 156 项重点工程之一。园区内以典型的大规模包豪斯风格建筑闻名，有多国元首贵宾曾前来参观。

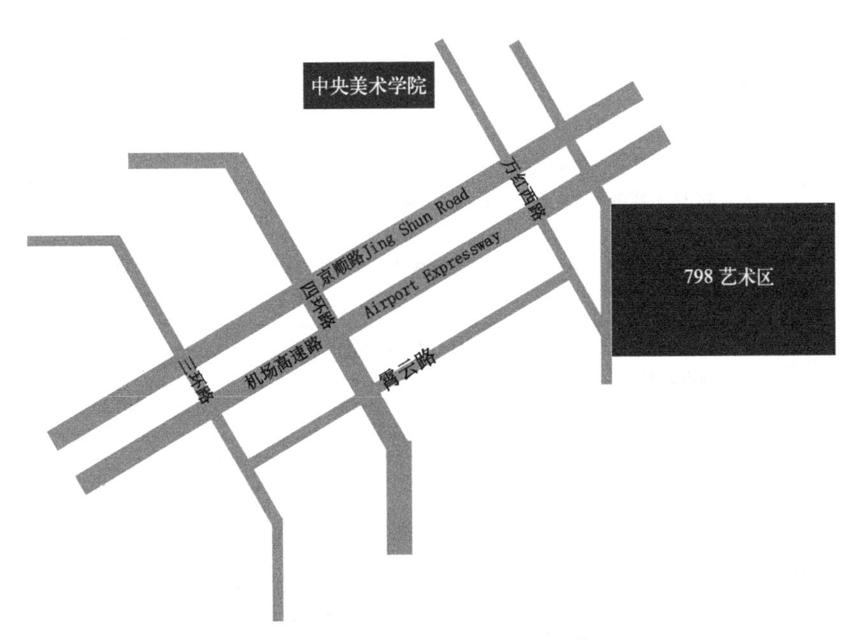

图 9.1　北京 798 艺术区位置示意图

9.1.1　项目背景

798 艺术区的出现，无论从艺术生态还是历史沿线来看，既有其偶然性，又有其必然性。偶然性是因为 798 本身不是作为艺术区而建设，曾一度面临被拆迁的命运。必然性则是大背景下的城市转型，国家的政策以及工业建筑的特征等因素所决定的。798 艺术区发展脉络见表 9.1。

北京作为我国首都，无论工业发展，还是产业转型都是全国做得早、做得好的城市之一，798 则是北京旧工业建筑再生利用领域做出的一次全新的尝试。新中国成立后，北京的工业发展进入全新阶段，在此期间建设了大量的工业项目，包括 798 厂房（当时称为 719 联合厂）。改革开放后，北京市政府进行了产业结构的调整，因此大批的工业厂房闲置下来。闲置的厂房具有两个特点：①工厂规模大，具有规模效应；②质量较好，结构坚固，空间开阔。这使其成为良好的再生利用资源。

北京 798 艺术区发展脉络　　表 9.1

序号	时间	事件	备注
1	1951 年	组建北京电子管厂和无线电器材联合厂，命名为 718 联合厂	国家 156 项重点工程之一
2	1964 年	718 联合厂被取消，国营第 706 厂、707 厂、718 厂、797 厂、798 厂、751 厂和一个研究所分别成立	798 从此孕育而生
3	1996 年	中央美术学院雕塑系先后租用 798 厂两个 1000 多平方米的仓库进行创作	开创了利用旧厂房进行艺术创作的先河，798 从此与艺术区联系在了一起
4	2000 年	718 等五个工厂与 700 厂进行整合重组为七星集团	部分厂房闲置，开始将空置厂房对外出租，“SOHO 式艺术群落”和“LOFT 的生活方式”在这里得以实现
5	2003 年	被美国《时代周刊》评为全球最有文化标志性的 22 个城市艺术中心之一；艺术区初步成型	该杂志认为，798 艺术区的存在和发展，证明了北京作为世界之都的能力和未来的潜力；38 家机构和 46 个艺术家工作室入驻 798
6	2005 年	798 建筑群被北京市列为“优秀近现代建筑”加以保护	从此 798 艺术区的建筑免遭被拆除的命运，得以以艺术区的形式继续存在
7	2006 年	被列为首批文化创意产业集聚区之一；建立管理办公室	北京市政府授牌，得到政府的认可和支持
8	2009 年	七星集团通过下属机构对艺术区全面接管	

9.1.2　项目现状

（1）功能定位

798 艺术区目前主要包括三大业态。第一类是文化艺术产业，是 798 的核心业态，主要由美术馆、画廊、艺术中心构成，约有 250 家企业，其中包括不少于 20 个国家和地区的约 60 家国外机构；第二类是文化和创意机构，包括平面设计、时装设计、建筑设计、影视传媒以及动漫创意公司，约有 230 家；第三类是旅游服务类行业，包括近 80 家酒吧、咖啡店和创意商店。

798 艺术区近年业态组成　　表 9.2

序号	年份	艺术工作室	画廊	餐饮	商铺	其他机构
1	2015	22	148	42	89	121
2	2016	20	156	54	125	20
3	2017	19	172	59	129	197

（2）园区规划

1）功能分区

园区按照主要街道划分为六个区域（A、B、C、D、E、F，如图 9.2 所示），但是这六个区域在功能上并没有太明显的区分，比较明显的功能分区其实是按照街道层级自发形成的，在 797 路、798 路、798 西街以及 798 东街等园区内的主干道的两侧分布着绝大部分画廊和售卖较为昂贵艺术品的店铺。尤其是园区内面积较大的尤伦斯当代艺术中心、佩斯北京等画廊均位于园区内最宽且正对入口的东西向 797、798 路上。在人流较为密集的十字路口以及广场附近的街道上则分布着园区内大部分的餐饮及室外茶座。在那些较为狭窄的以步行为主的街道及小巷内则多为面积较小的售卖艺术品或纪念品的店铺。

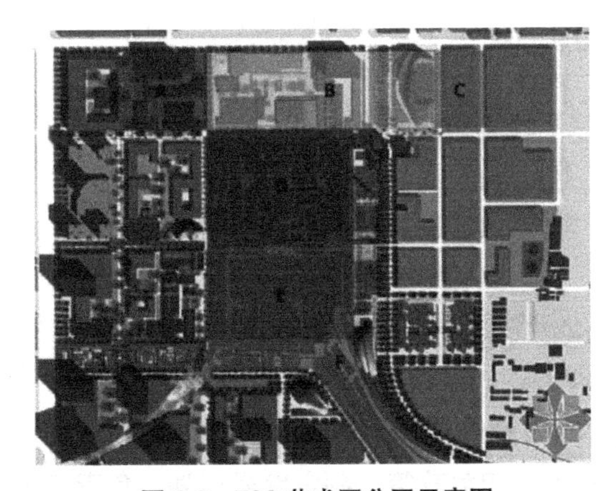

图 9.2　798 艺术区分区示意图

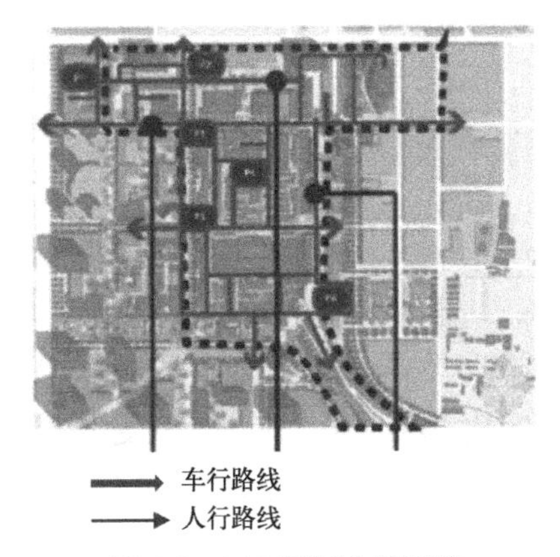

图 9.3　798 园区车行系统

2）园区街道

园区内路网总体继承自原有工厂路网，只在此基础上进行了部分调整，正东南及正西北方向组合而成的道路网格从总平面图上看来十分清晰并且容易识别（如图 9.3）。街道按照宽度分为不同的层级，形成丰富的空间尺度，同时，丰富的艺术景观小品以及经过精心设计的沿街立面共同营造出了具有趣味性的街道氛围。798 艺术区主要道路宽度在 6 ~ 10m 之间，但是大部分路段的人行道却不足 2m，并且在很多时候这些人行道还被室外茶座、加建的建筑及树木等占用，园区车行路两边的人行道时断时续没有一条是完整的，从而导致整个园区内的交通流线长期处于人车混行的状态。再生利用后的 798

艺术区内的商家主要是文化艺术展示及其衍生品，其个性化和多元化的环境能够激发艺术家们的灵感，为其创作更好的服务，并对城市文化和生活空间的概念产生了前瞻性影响。

9.2 北京798艺术区监管机制构成

9.2.1 监管机构

798艺术区已经从最初由民间自发形成的集聚区，发展为由政府和国有企业共同规划建设与治理的集聚区，其管理体制和运行机制反映了政府引导、企业主导、艺术机构主体参与的发展模式。

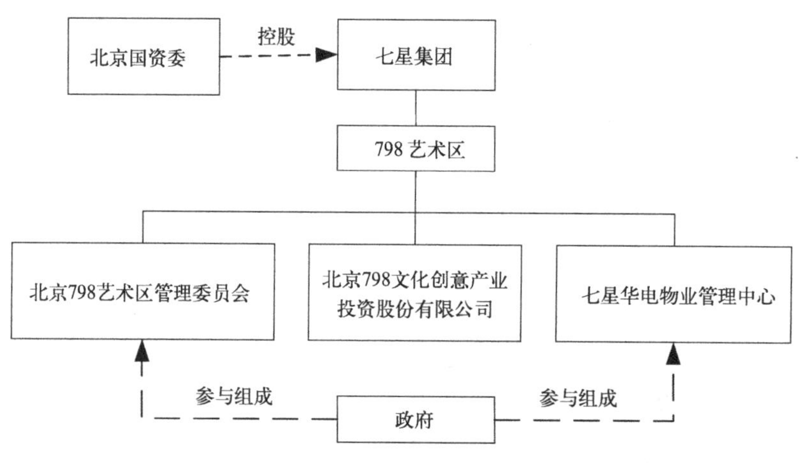

图9.4 北京798艺术区监管机构组成

2005年12月，北京市政府将798艺术区评为文化创意产业聚集区之一。次年3月，朝阳区政府成立了798艺术区建设管理办公室，后来和七星集团共同组成了“798艺术区管理委员会”（简称管委会）。根据朝阳区政府的资料显示，管委会主要的职责包括798艺术区协调领导小组的日常工作、落实上级相关政策、制定发展规划、负责艺术区的文化保护和旅游资源的开发利用、对外宣传艺术区、招商引资以及推动798艺术区市政基础设施和公共服务设施的建设。

在管委会的管理下，798艺术区设立了“七星华电物业管理中心”（简称七星物业），主要负责艺术区入驻机构的房租、物业费的收取以及基础设施的修建等。另外，2007年9月成立的“北京798文化创意产业投资股份有限公司”（简称798文化公司），是由七星集团和北京望京综合开发有限公司（直属朝阳区国资委）联合出资建立，主要负责798文化创意产业的开发与运作，具体包括举办艺术展览及文化活动、推动艺术品交易及拍卖、艺术衍生品及创意商品的开发等。

七星集团作为原企业掌控着整个798的所有权，但在一定程度上也受到政府的监管。

与市场相比，政府的这种控制若隐若现却又无处不在，当政府的监管力度较大时，七星集团在市场体系中对于空间处置（包括出让或出租的形式、对象、时间段等）的运作空间则较小；反之，七星集团的运作空间则较大。然而，无论政府的监管力度如何，七星集团均处于被支配地位，需要与政府协调、配合。

9.2.2　监管模式

798 艺术区的发展是一个漫长的过程，结合 798 的发展历程及其租金变化（见图 9.5），可将艺术区的发展中监管模式分为三个阶段：①自发集聚阶段：2002—2005 年，由艺术家、市场、文化企业为主导。②生存争议阶段：2005—2009 年，由原企业和政府协同监管为主导。③政府规范阶段：2009 年后，基本上由原企业决定发展规划和前景。

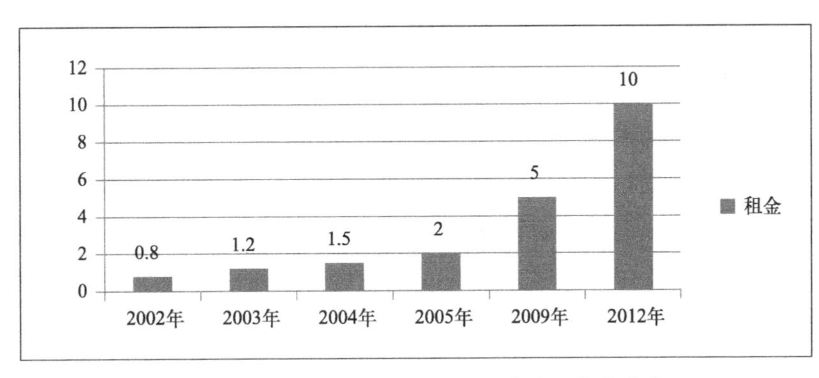

图 9.5　2002—2012 年北京 798 艺术区租金变化

（1）自发集聚阶段

在自发集聚阶段，798 艺术区由艺术家、市场、文化企业为主导进行监管。该阶段园区处于初步探索阶段，地方政府允许艺术家们进驻园区，在北京这个寸土寸金的地方，为其发展提供了一个集聚的场所。2002 年开始，受低廉租金影响，大量艺术家入驻，此时艺术家（社会公众）是 798 艺术区的监管主体。此时完全是一种由艺术家自发组织、自发集聚、自发管理发展起来的文化创意产业园区，形成了一定的资本积累以及一定程度的艺术氛围，为园区的发展奠定了基础。

（2）生存争议阶段

该阶段租金涨幅明显，入驻商家越来越多，此时以地方政府及原企业协同监管为主导。当地政府决定发展工业遗址艺术区，保护工业遗址时，便开始介入文化创意产业园的发展中，进行宏观层次的规划与管理，从而形成了大致的发展方向。具体体现为：798 建筑群被当地政府列为“优秀近现代建筑”加以保护，避免了被拆除的命运，且得到了政府的认同。798 管委会由此成立，协调相关部门开展艺术区文化安全监管、生产安全监管、治安管理和城市管理监察工作。

（3）政府规范阶段

在政府规范阶段，当地政府已经完全渗透到 798 艺术区，制定了《北京市促进文化创意产业发展的若干政策》。798 艺术区是当地政府认定的文化创意产业集聚区之一，可以享受优惠政策。北京朝阳区政府按照“政府主导，企业参与，市场运作”的总体思路来干预、规划 798 艺术区的发展。该阶段当地政府遵循“科学规划、挖掘文化、强化特色、提升层次”的原则以主导者的身份介入，主要工作体现在协调业主、项目策划、推介招商、改善园区硬件设施等方面。地方政府对园区的规范和宣传进而使得租金大幅上涨远远超过了周围写字楼的租金，约为 10 元 /（m^2 · 天），低廉的价格优势不再存在，引发大量艺术家以及租户的出走。

9.3 北京 798 艺术区监管机制现状

9.3.1 监管主体与分工

北京 798 艺术区的监管主体可以分为三个方面：政府、七星集团（原企业）以及艺术家（社会公众）。调整之后的 798 监管体制由高层次的议事协调机构及其办事机构组成，即由朝阳区委、区政府、七星集团等组成“北京 798 艺术区领导小组”，下设机构“北京 798 艺术区建设管理办公室”，挂靠朝阳区委的宣传部，建设管理办公室是自收自支的事业单位，无编制，不定级。

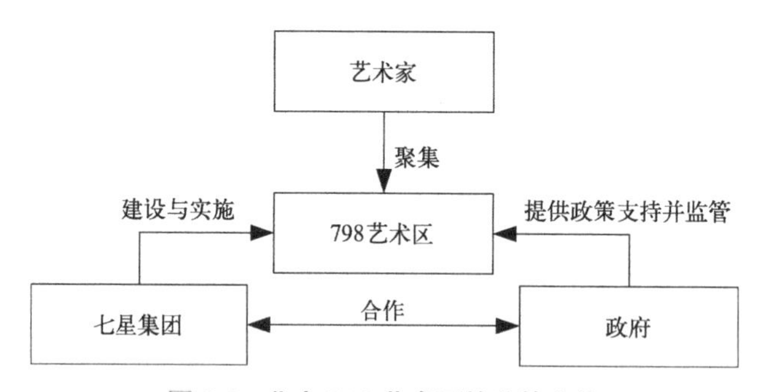

图 9.6 北京 798 艺术区的监管主体

798 艺术区的运营，由七星集团主导。具体体现在：当地政府提供 798 的市政配套设施，七星集团作为实施主体统筹规划并建设 798 的公共设置及服务平台；七星集团投资重新组建了 798 文化创意产业投资股份有限公司，负责园区项目的具体运营，并且利用 798 艺术区的品牌效应开展对外合作；七星集团出资分别举办了 798 艺术节和 798 创意文化节促进园区艺术和创意的发展；七星集团物业处提供 798 艺术区的全方位的物业管理。以上运营及监管方式表明，798 艺术区是由国有企业（七星集团）掌控的集文化与创意于一体的综合性文化集聚区。

9.3.2　政策颁布与实施

北京市政府高度重视 798 艺术区的发展，最早在 2005 年，北京市委、市政府在《北京市文化产业发展规划（2004 年—2008 年）》中明确提出要认真对待 798 建筑物的保留方式，对艺术区 4 栋 20 世纪 50 年代的包豪斯建筑风格的建筑进行了重点研究，随后，北京 798 艺术区被评选为首批文化创意产业集聚区之一，且陆续出台了一系列规划和政策用于指导 798 艺术区的发展，见表 9.3。

北京市政策一览表　　表 9.3

序号	政策法规	发文单位	时间
1	《北京市文化产业发展规划（2004 年—2008 年）》	北京市规划委员会	2005
2	《国务院关于北京城市总体规划的批复》	国务院	2005
3	《北京市促进文化创意产业发展的若干政策》	北京市发展改革委员会	2006
4	《798 文化创意产业聚集区及周边地区控制性详细规划》	北京市城市规划设计研究院	2006
5	《北京市保护利用工业资源，发展文化创意产业指导意见》	北京市工业促进局 北京市规划委员会 北京市文物局	2007
6	《关于保护利用老旧厂房拓展文化空间的指导意见》	北京市人民政府办公厅	2018

2006 年，由北京市规划委员会率先筹备了“大山子艺术区”和周边地区的详细控制计划，分别由清华大学、中央美术学院、尤伦斯基金会、波士顿咨询公司、七星集团、正东集团 6 家单位从空间形态、业态构成、经济发展等方面对 798 周边地区进行详细研究。内容的重点体现在规划大山子地区作为艺术区发展的动态特点，并以此为契机，推动大山子艺术区向文化创意产业园发展。园区规划控制手段灵活多变，楼面面积比的转移和补偿有了新的思路。如规划过程上强调多方协作，公众参与；在规划思路方面，更多的重点放在为企业提供服务，而不是去管理和约束。该规划在满足北京城市功能定位和城市发展规划的前提下，推进了新型文化社区的建设和管理，对 798 后续的发展提供了建设性意见，很大程度上指导了 798 艺术区后续的功能及发展。

同年，北京市发展改革委员会发布了《北京市促进文化创意产业发展的若干政策》。在这项政策中，北京市政府设立了文化创意产业园区基础设施专项资金，对于经过认定并且达到一定规模的园区，不仅可以享受专项资金的支持，还可以在所得税上得到补助。根据该政策，北京 798 艺术区先后从当地政府宣传部主管的文化创意产业园区建设扶持资金（每年额度 5 亿元）以及市发改委主管的集聚区发展资金（每年额度 3.5 亿元）中获得超过 1 亿元的资金支持，用于环境修复、基础设施和公共服务平台建设等公共设施，支撑 798 完成了从电子厂到艺术区的转型。

9.3.3 项目现存问题

（1）监管人员不够专业

798 艺术区的直接管理权隶属北京七星集团的管委会，其中管委会成员由原电子厂部分员工管理人员及少数政府部门成员组成。其中原企业员工之前从事电子厂之类的制造业，和 798 艺术区现在的发展模式和理念具有较大差异。管委会的组成成员不具备旧工业建筑再生利用的专业知识，也缺乏相关的项目经验，对于艺术区的管理和发展方向不太了解，在对 798 艺术区的监管上，旧管理理念一时难以跟上新时代的发展步伐，难以完成从工业企业向艺术园区的转换。

（2）监管主体单一

从前面北京 798 艺术区的监管机制构成以及监管主体来看，尽管 798 的监管包含了社会公众、原企业以及政府三个方面，但由于社会公众身份的局限性及很难参与到项目的运营管理，使其监管力度不足。从而政府和原企业作为了 798 艺术区主要的监管方，园区的管理委员会和物业管理中心均由政企两方共同组成，而管理委员会和物业单方面决定了整个园区的运营和未来，无法真正地反映社会公众的需求，从而有效地组织、改善和提高园区的经营管理水平。

（3）行政监管动力不足

根据法律规定，行政主管部门依法必须履行对旧工业建筑再生利用活动的监督管理职责。当法律监督规定落实到具体行政部门时，容易出现“因地制宜”的现象。大量行政监督部门对旧工业建筑认识不到位，认为旧工业建筑再生利用项目是建筑加固的小型项目，使其监管动力不足，导致在监管过程中存在职责定位不清、对一些不合规项目查处不严等现象。由于在旧工业建筑再生利用监管过程中，监管部门不能切实做到依法监管和秉公执法，从而处理不好权力与利益之间的关系，造成权力与利益分配的不均。

（4）土地性质不明晰

过去，719 联合厂属于国家无偿划拨的工业用地，但在后续的发展中，部分厂区停止生产后通过出租厂房的方式发展成为文化创意产业园模式。然而，严格意义上，文化创意产业模式是一种商业行为，798 艺术区改变了土地和房屋的使用性质，应转化为商业用地。但 798 艺术区发展至今，并未缴纳土地出让金进行用地性质变更，依旧为工业用地，与实际用途不符。我国城市土地的所有权与使用权分离，土地所有权属于国家，土地租赁期限最长为 20 年，798 艺术区从 2005 年转变至今已有 14 年，无偿划拨用地如何完成对商业用地性质的转换在国家的政策之中还未明晰，使 798 艺术区的发展始终存在障碍。

目前，工业用地的土地开发主要有三种方式：①焦化厂的方式：土地统一被土地储备中心收购，然后进行规划，其他可开发用地放在二级市场上来招拍挂，此方式适合较大面积工业厂区的整体再生利用；②首钢的方式：由原企业进行自主开发，先将土地进行一级开发，再作为下一步工业资源保护与开发利用的主体进行后续开发利用；③ 751 厂的方式，引进开发商，在原有厂区区域的基础上进行有机更新，厂区内新建用地性质上发生了改变的全新项目。但是用地性质的改变在政策上还需进一步明确，如何从工业厂房产业升级的角度为土地提供政策支持，有必要认真研究，以避免单纯走土地市场化开发的老路。

9.4　优化建议

（1）加强队伍建设

为了提高政府监管的有效性和合理性，798 艺术区各部门都需要加强沟通，形成协同机制。北京市政府应该根据旧工业建筑再生利用对象的具体情况，统一核定监管机构编制，配齐配强专职人员，加强业务指导，督促相关机构加强人员业务培训和绩效管理，提升管理服务水平。

其中，监管人员的专业性非常重要。由于旧工业建筑再生利用的监督最终还需依靠具体人完成，在具体监管工作中，只有专业性人才才能对症下药，有效地解决监管过程中遇到的问题。然而，监管工作错综复杂，因此在选择监管人员时，不仅要求具备经济、金融、法律等方面知识，还应具备其他方面的技术，如工程测量、工程管理等。

（2）找准艺术区定位

由于统筹不当，北京 798 艺术区的企业间合作与交流较少，信息共享不足导致艺术区创意资源不断流失，不利于长远发展。对于 798 监管机构来说，有必要保护 798 的原创性，并发挥 798 独特的优势，提升和维持 798 作为当代艺术的标志性和特色，形成大中小型画廊、艺术机构和合理数量的艺术家工作室，依托共同发展。同时，政府应当控制成本的增加，尽量降低或减免对艺术区内文化艺术机构的税收，并对文化艺术公司实行低息或贴息贷款等优惠政策。在一定时期内，积极发挥政府的政策引导和扶持作用，营造良好的竞争环境，吸引相关企业入驻，防止出现只顾眼前利益而不符合艺术区长期规划的发展现象。

（3）拓展园区融资渠道

798 艺术区内的文化机构和文化企业，尤其是新成立的中小型企业，大多存在经营资金短缺的状况。一般来讲，这些中小企业的经费来源主要依靠自有的启动资金、银行贷款、政策补贴或财政拨款。然而，这三方面的财力支持相对于发展需求来说有限，需要探索多样化的投融资渠道，来解决文化企业发展所面临的问题。例如，798 艺术区可以通过进行社会集资方式或者固定资产贷款方式来获得投融资，帮助园区机构和企业的发展。以广州太古仓码头为例，其成功发展和壮大是在政府几乎没有给予扶持资金帮助的情况下，将整个项目分为两期，由原企业积累了一部分资金用于一期的再生利用，随后又通过整合当地的文化资源，在基于当地文化资源特色的基础上构建了由文化旅游、展览展示、演艺等一系列文化项目组成的全文化产业生态链，利用一期的效益再进行二期的招商以及开发。798 艺术区可以借鉴其他园区成功的融资模式以及渠道来拓展园区的资金链，有助于 798 艺术区的可持续发展。

(4) 处理好政策与市场的关系

798 艺术区进入到发展新阶段，对于园区后续的发展，当地政府应该更多地作一个“搭戏台子”的人，成为一个“服务者”，让市场主导。当地政府应改善北京 798 艺术区的基础设施、制定多样的融资体系、培养创意、管理人才，促进国际交流、完善相关法律法规，为 798 艺术区内企业发展铺平道路、消除障碍。当地政府应处理好政策与市场的关系，在微观层面制定政策后，让政策与市场有一个良好的过渡和衔接，使得企业在享受到优惠政策的同时，也能在市场上更好地运作。

(5) 建立监管综合评价体系

建立数据采集、分析及评价系统，是文化创意产业理论应用研究的基础工作。文化创意产业园相对来说研究对象明确，并且处于国家宏观与企业微观的中间层，是实证研究的理想对象。因此，798 艺术区应建立相应的评价体系和评价机构，以促进园区发展。

第10章 再生利用激励机制案例——1933老场坊

10.1 项目概况

“1933老场坊”位于上海市中心虹口区沙泾路10号。距外滩1.2km，离北外滩0.9km。在改造前是废旧的廉价仓库，形成了与中心城区发展不相适应的功能衰败区。“1933老场坊”项目的开发在有效保护上海老工业历史建筑的同时，盘活了此类国有存量资源，挖掘其真正历史内涵，发扬和提升了建筑物本身价值，并以此为平台载体注入新的文化内涵和新型产业形态，对提升虹口区都市工业的等级起到示范和推动作用。使之成为具有代表性的上海创意产业集聚区，以新的结构内涵形成上海的新地标。

10.1.1 历史沿革

曾经的宰牲场是由英国著名建筑师——巴尔弗斯亲自操刀设计，再由上海余洪记营造厂负责建造而成的。建筑整体采用无梁楼盖技术，外方内圆，室内空间呈伞状柱结构，融合了廊桥、旋梯、牛道等多重建筑特色，风格迥异。这个规模的宰牲场在全世界仅出现过3座，而老场坊是现今唯一保存完好的。

2002年，这座举世闻名的“远东第一屠宰场”，在繁华退去之后终究逃不过被闲置和废弃的命运。但因其建筑独一无二的布局风格，该建筑并没有被摧毁，政府将其纳入了上海市第四批优秀历史建筑。2006年，某上海创意产业投资公司先后花费8000多万元对这座宰牲场进行保护性改造修缮，并将改造后的建筑命名为1933老场坊。在同年5月，园区挂牌成为上海第三批创意产业园。自此，1933老场坊完成了从古老宰牲场到时尚创意园的华丽变身。

1933老场坊真正成名缘于园区在2007年成功举办了“上海国际创意产业活动周”，一时间所有的国内外媒体纷纷报道这个不知名的园区，使得1933老场坊声名鹊起。从那以后，园区又先后举办了多场大型展览、时尚走秀和新品发布活动，真正将自己定位于时尚消费创意中心。而随着园区知名度的提升，大量的高端餐饮娱乐企业陆续进驻园区，使园区逐渐成为融合时尚活动、休闲娱乐、文化创意、体验旅游于一体的多元化时尚场所。

10.1.2 价值分析

建筑生命有三层含义：功能生命，结构生命，文化生命。该建筑的功能生命——屠宰场的使用已经结束，结构已步入老年，但文化价值反而凸现，具有神秘感的廊桥空间是现实建筑中独一无二的。设计完成后，最值得一提的特色是通过水泥饰面的打磨而保留了神秘色彩的廊桥空间，并通过金属和玻璃加入了时代的元素，保持了恰当的历史感。由于该建筑当时是根据宰牲的工艺进行设计的，是功能主义的工业建筑，当时的设计师并非想创造一个非凡的空间。因此项目最大的挑战是保持建筑神秘空间的同时又能为现代所用。

（1）历史价值

老场坊作为上海工业时代的产物，体现了当时上海城市发展迅速，又是区域性中心城市的特征，印证了废旧厂房的重获新生，并且见证了上海由传统工业城市转变成为国际性大都市的历史发展进程。

（2）文化价值

其建筑形式、风格体现出了中西方文化元素，体现了上海多元融合的包容性文化特质，并寄托着老一代上海人的时代记忆，由于自身的建筑特质和历史背景，被赋予了独特的文化魅力。

（3）技术价值

两层的墙壁中间采用中空形式，巧妙实现温度控制；采用无梁楼盖技术，由伞形柱帽构成室内空间，建筑工艺与工业生产工艺的完美结合。整个建筑设计和施工都体现了当时先进的科技水平，具有非常高的科学技术价值。

除了具有厚重的历史、文化、技术价值，老场坊的再生利用是国内旧工业建筑成功转型的实例，具有复合式的艺术价值，同样也体现出了非常高的旅游价值，由于其形式的独特性和资源的稀缺性，使其在工业遗产中的地位和价值进一步得到提升。

10.1.3 再生现状

（1）园区定位与业态构成

1933 老场坊产业构成中涵盖了时尚发布、娱乐总汇、休闲体验、高端餐饮和创意办公五大类型，融合创意、商业、文化和旅游四位一体协调发展，以创意时尚为主题定位，试图发展成为上海的时尚消费、体验旅游新地标。

1933 老场坊创意园区内入驻的企业大体可以划分为三大类：一是休闲娱乐商业类。该类产业主要分布于园区的层，主要是中高端的时尚餐厅和服饰、零售企业等，另外，在一楼还有顶级的会所，如法拉利车友会等。二是展览展示类。主要是在园区四楼的空中舞台举办各类时尚走秀、新品发布会、大型展览等活动。三是创意办公类。主要集中于园区的第五层，数十家创意设计公司和艺术工作室共同营造园区的创意文化氛围。

（2）园区现状

1933 老场坊原为上海工部局宰牲场，1933 年竣工，1934 年投入使用，曾经是远东最大且最现代化的宰牲场。建筑由英国建筑设计大师巴尔弗斯设计，整体建筑可见古罗马巴西里卡风格。在空间设计方面，设计者根据“宰牲”的需要进行定制，形成错综复杂的内部空间，以及外方内圆的多重空间结构，使建筑本身充满神秘色彩。但随着社会的发展，该建筑宰牲场的功能逐渐淡化。并逐渐成为肉品厂、制药厂仓库以及其他设施的配套用房。

该建筑的新功能定位为由原来的工业建筑更新为一个时尚空间，其包含奢侈品中心、知识产权交易体验中心、人文历史博物馆、影视拍摄基地、男士体验中心、创意产业推广中心等功能，以及与此相关的休闲场所，如酒吧、咖啡厅等，但原则上不引进大型餐饮等人流物流较大的业态，以避免大人流对老建筑的压力。

依据 1933 时尚创意空间的功能定位，重点针对原有建筑的外立面、廊桥空间、伞状柱、内墙、楼梯、电梯等进行了保护式更新，见图 10.1。在更新中尽可能减少奢华的装饰元素，注重建筑本身原汁原味的留存。

图 10.1　1933 老场坊

10.2　激励机制分析

10.2.1　相关主体

（1）激励主体——政府

1）上海市政府

上海市政府在旧工业地区转型改造中，作为倡导者与推进者，也是监督与考核的主导者。中心城区旧工业地区的转型可以带来经济社会等多方面的效益，通过旧工业地区的转型开发，可以促进区域经济增长方式转变、产业结构的升级以及土地效益的提升，实现区域产业发展的转型。然而上海在 20 世纪 90 年代初，结合市与区县的分税制改革，针对市级政府权力过分集中的问题，市政府提出“决策权力下放，管理重心下移”的思路，市区形成了“两级政府，三级管理”的管理体制，先后两次较大规模扩大区县政府在利用外资、项目审批、城市规划、资金融通等方面的管理权限，进一步与区县政府明责分权。因此上海市政府在旧工业地区转型改造中无法直接行使权利，只能通过委托代理关系由区县政府执行。上海世博会从政策制定、制度建设、建筑改造到项目融资，政府也都发挥了积极的主导作用。

2）上海市各区政府

区政府是旧工业地区改造的执行者，旧工业地区转型改造的推行能为其带来多方面的政治、社会、经济效益。首先，旧工业地区转型的推行，在当前 GDP 考核机制下，能为其带来完成工作考核指标的政治利益；其次，旧工业地区转型改造的推行，能带来地区环境改善的社会效益；再者，旧工业地区转型改造能带来地区产业升级、增加财政收入的社会、经济利益。以创意产业园区的改造为例，根据上海创意产业中心 2007 年 1 月份对 75 家创意产业集聚区的调查结果显示，原有厂房租赁运作模式，地方政府几乎没有税收，或者说税收很少，但经过改造后的集聚区，地方税收增加许多。以第一批创意产业集聚区为例，2006 年税收总量为 25646 万元，远远大于以前的税收水平。

旧工业地区原工业用地的批租改建作为城市土地批租的一部分，区政府通过各种方式尽可能获得收益的最大化。在上海，各个区政府实际上控制着土地批租，而且他们在财政上也处于独立状态，这为他们在本辖区内通过土地批租和房地产开发吸引外来投资创造了激励和机会。而且土地批租以及房地产开发也给各个区政府直接带来好处，一是从土地批租中直接获取收益，除了上缴给市政府和再安置支付补偿（上海市政府规定土地批租收入的 15% 上缴给市政府，剩下 10% ～ 25% 的资金用于再安置居民），区政府可以剩下一些批租收益；二是区政府可以通过成立房地产开发公司，并对其进行补贴，来参与房地产开发，这使政府能直接从再开发过程中取得收益，又不用像土地批租收益一样上缴给市政府；三是房地产开发吸引了新商业活动和高收入居民到本区，为本区发展及区财政带来正向收益，同时提升区政府的地位。因此，财政目标、拥有土地批租的权力以及负有安置补偿居民的职责交织在一起使区政府在出让土地时，会将土地出让收益和安置补偿成本进行比较，以尽量获取最大可支配收入。

（2）激励客体——开发商

房地产开发商作为市场经济中的自由个体，秉承追求自身利益最大化的原则。企业业主拥有工业地块的使用权，在转型改造中，追求如何利用土地实现自身利益最大化，同时也需要考虑原有职工的再就业等社会问题。而房地产开发商拥有资金却没有土地，通常采取与企业合作的方式来获取自身的经济利益。

以上海创意产业园区的建设发展为例，比较典型的开发方式就是开发商整体租赁厂房进行开发，原有工厂业主以收取租金的方式获得收益。而开发商主要通过级差地租与批零差价等方式获取收益。因为普通办公楼一般都是在商业用地上开发的，而创意园区在政府政策支持下，可以在原有工业用地性质不变的前提下，将旧厂房改造成用作办公及商业经营的建筑空间。此外创意产业园区一般采取长期整租方式取得，由于是整体租赁且租期长，租金往往比零租、短租有一定折让。

10.2.2　激励目的

政府的宏观指导主要包括两个方面：一是开发前的前期工作。欧美一些国家的政府部门为了掌握现存建筑的情况，通常与当地的公共社团、院校等合作考察，将各个街区房屋分类，识别危险建筑和废弃建筑，鉴定结构安全度，收集历史资料、测绘拍照，提出恰当的新用途和保护措施。政府所做的大量前期工作，可以有效地控制开发尺度，避免开发者在纯粹经济利益趋势下造成过度开发的后果。二是采取经济政策扶持和奖励手段。政府建立和完善相应的经济政策是推动建筑再利用持续发展的一条有效途径。做得比较早的美国和荷兰，均采用基金鼓励和减免税收相结合的办法。在美国，1966 年的历史保护条例给在国家注册的旧房房主提供年度基金，鼓励多方式利用旧建筑；1976 年的税制改革条例对改造实行特许权，降低改造税收；1981 年的经济复苏税制条例对于标志性建筑，个人投资者可以获得改造投资 25% 的有税货款。在英国，国家资金用于新建与改建的比例从 20 世纪 70 年代的 75：25 提高到 20 世纪 90 年代的 50：50，城市发展基金采取的是公共基金和个人基金风险相结合的办法，是另一种可行的模式。这些政策均激发了人们对旧建筑再生利用的意识。

政府在制定激励政策时，首先应明确设计激励机制的目标，对于旧工业建筑再生利用的总体目标是充分调动开发商的积极性，推动旧工业建筑合理再生。总体目标的实现可以从两方面入手：一是促使开发商积极参与旧工业建筑再生利用项目，二是促使开发商结合其建筑特点、区位因素、历史文化价值等选择最优再生模式。

（1）短期目标：促使开发商积极参与旧工业建筑再生利用项目。我国旧工业建筑与发达国家相比仍然处于低水平阶段，缺乏对城市历史文脉和社会因素的考虑，且并未形成大规模的改造活动。再生过程中，因土地产权、土地性质、规划设计、与现行规范不匹配等各种问题，导致困难重重。因此，现阶段应通过完善相关政策以及制定相关经济激励政策并重的方式激励开发商参与旧工业建筑再生利用项目。

（2）长期目标：促使开发商结合其建筑特点、区位因素、历史文化价值等选择最优再生模式。通过宣传等手段普及旧工业建筑再生利用知识以及工业文化传承的思想，并对旧工业建筑再生模式进行政策性引导，促进再生模式的多样化，达到引导市场主体主动实现旧工业建筑再生利用的目标。

伴随着中国城市的高速发展，产业结构、生活方式转变，传统工业遗留的设施设备、厂房是历史的产物，富有鲜明的时代特征，更具有重要的文化价值。需要我们以科学严谨的态度认真对待，通过合理改造，保护有价值的工业建筑；并采取因地制宜、因时制宜的原则，与区域环境、城市功能相融合，实现旧工业建筑的再利用，达到历史与现代共存，文化与生态交融的目的，促进区域形象提升，促进地区经济可持续发展。

10.2.3 激励模式

（1）上海市激励政策

上海作为沿海城市，受国外旧工业建筑再生利用成功案例的影响较大，市中心各式各样的旧工业建筑和场地，在去工业化进程中，已不能适应社会的需要，为推进旧工业建筑再生利用，促进城市更新，政府制定了一系列的激励政策文件如表 10.1 所示。

上海市政府激励政策文件　　表 10.1

时间	政策文件	文件主要相关内容
1997 年	《上海市土地利用总体规划（1997—2010）》	提出“重点做好中心城区 66.26 平方公里的工业用地的置换”。
2003 年	《上海市历史文化风貌区和优秀历史建筑保护条例》	提出要加强对本市历史文化风貌区和优秀历史建筑的保护，并设立专项保护资金，规定了保护规划相关要求。
2008 年	《关于促进节约集约利用工业用地加快发展现代服务业的若干意见》	提出加强城乡规划的政策引导，节约集约使用工业用地，切实推动产业结构的优化升级，严格依法审批，规范新增工业用地管理。
2011 年	《关于促进上海市创意设计产业发展的若干意见》	推进创意设计类公共服务平台建设，优化创意设计业发展的政策环境（加大财政资金投入、落实税收政策、健全创意设计业的人才政策、加强政府采购）。
2012 年	《上海市促进文化创意产业发展财政扶持资金实施办法》	对财政专项资金的支付范围、方式等做出规定。
2013 年	《上海市工业区转型升级三年行动计划（2013—2015 年）》	推进中心城区及城市拓展区内的老工业基地更新、改造、再生。
2014 年	《关于本市盘活存量工业用地的实施办法（试行）》	明确政府的主体地位：各区县政府是盘活存量工业用地的责任主体，负责辖区内存量工业用地的使用管理，并建立以区县政府主导、原土地权利人参与的联合开发体，实施区域整体转型开发。
2015 年	《上海市城市更新实施办法》	明确政府的主导地位并明确城市更新规划政策、土地使用政策等。
2016 年	《上海市工业区转型升级“十三五”规划》	紧密围绕“创新发展、集群集聚、绿色节约、智能融合”的发展要求，深入推进上海工业区转型升级。
2017 年	《关于加快上海文化创意产业创新发展的若干意见》	发挥财政资金引导和杠杆作用，合理减轻企业税费负担，优化人才培养和激励机制，加强建设用地保障。
2018 年	《上海市促进文化创意产业发展财政扶持资金申报指南》	对财政资金申报程序及材料等做出规定。

通过调研及政策文件可知，上海制定的政策文件对旧工业建筑再利用的指导作用有一定局限性，难以满足旧工业建筑改造再利用的现实需要，即在保护的具体标准、手段、对象、适用性等细则方面都很不明确。在西方国家的保护和再利用理念体系中，文物古迹和历史建筑是两大门类，各自都有专门的知识，其法律保护已相当成熟。建议可以借鉴他们的成功经验，聘请专家、顾问机构对旧工业建筑完整性、保护价值、可再利用性

等进行评估，制定符合上海实际的旧工业建筑保护法。

(2) 1933 老场坊激励模式

1933 老场坊采用的是多维目标状态下的激励模式，政府针对旧工业建筑再生项目出台了相关政策，与开发商共同合作，共同参与 1933 老场坊的再生利用。上海世博会从政策制定、制度建设、建筑改造，政府也都发挥了积极的主导作用。

由于功能不能与城市相匹配，产权关系较为复杂，所以该建筑长时间的空置，逐渐变成城市的死角。为了改变这样的状况，政府采用了长期租用的办法，配合“三个不变”的政策（土地性质不变、产权不变、建筑规模不变）允许投资公司进行改造，1933 项目就是在这样的一个背景下得以改造建设。通过竞标，中国中元国际工程公司中标 1933 老场坊改造项目，以将废弃的工业遗产盘活，改造成为一个时尚中心。

正式改造前对该旧工业项目进行了房屋质量检测与评估。根据上海市优秀历史建筑房屋质量检测相关规定，主要检测评估内容如下：调查现存图纸状况，确定建筑特色和风格；调查房屋历史沿革、使用、维修改造情况；对建筑布局和结构体系（基础、结构布置、构件截面与配筋等）进行检测，进行房屋建筑结构图纸复核与测绘；调查房屋使用荷载；抽样检测房屋主要承重结构材料力学性能（混凝土、钢筋、砌块、砖、砂浆）；检测房屋完损程度并分析损坏原因；测量房屋倾斜和不均匀沉降；根据改造修缮方案验算结构承载力；评估结构安全性和改造方案可行性；评估房屋抗震性能；提出结构加固与维修的建议。

10.3　优化建议

(1) 完善规章制度

旧工业建筑改造过程涵盖了城市规划、建设设计、社会发展、建筑保护多方面内容，其规划、实施控制、验收、评价等环节不仅需要政府部门及政策的管理和指导，更需要开发商、专业建筑人员、社会公众的齐心参与。

政府部门应设立专门的管理机构，制定管理措施、明确开发尺度、指导模式运作。针对各工业建筑的不同特性提出用途建议及更新方案。加强宣传推广，通过举办各类工业建筑和工业文物展，利用旧工业建筑改造的博物馆、展览馆作为宣传场所，让参观者、公众接近旧工业建筑，了解工业文明的发展历程，展示改造后所取得的积极影响，真实感受旧工业建筑的历史、人文价值，提高市民的保护意识，使更多人了解旧工业建筑的丰富内涵。及时公布旧工业建筑名录，在改造设计方案征询时，广泛听取公众意见，确保改造后的建筑符合城市规划的需要、符合公众的需求。

(2) 加强政府引导

随着上海工业结构调整速度不断加快，工厂更新换代的速度也不断加快，很多旧工业建筑就这样无声的“湮没”在现代化发展的过程中。因此，政府部门必须加快相应监管程序的出台，对这些工业建筑进行科学评估，在未经政府部门认证前，可以依据现实状况合理暂停一些已启动或计划启动的拆改行为，相关职能部门应该通过法律手段加以干预、制止。从一定角度上看，旧工业建筑保护与再利用作为一项社会事业，具有某些公共产品或准公共产品的特点。公共产品的价值就在于为城市生活提供必备的基础条件以及由此产生的外部效应。为此，对于旧工业建筑保护与再利用，政府应要以规划为龙头，以法律法规为保证，适度干预、实施监管、采取各种优惠政策加以鼓励。

在进行旧工业建筑改造时，政府应结合该区域的经济、文化特点，形成政策法规、规划统筹、资金筹集“自上而下”；项目实施运作“自下而上”的推进模式，建立政府、非政府组织、其他机构及公众共同参与的良好局面。避免“自上而下”的政府主导单向运作模式，造成建筑设计片面追求效果，忽视实际需求及资金成本；重大活动之后的场馆利用及维护成为社会问题。同时，也要避免“自下而上”单一运作方式造成开发投资商为了追求利益最大化，通过各种途径调整规划、更改设计、损害公众利益的情况发生。

(3) 拓宽投资渠道

将旧工业建筑纳入各级政府财政预算，在国家拨款的基础上，通过税收、财政、土地使用等政策扶持，设立保护基金，制定社会捐赠、赞助的相关政策措施，鼓励社会力量参与。在考虑到旧工业建筑保护具有部分公益事业属性，政府部门可以通过以下方式对旧工业建筑保护再利用的过程中，提供资金援助、税收政策的扶持。

1）建议将旧工业建筑保护纳入政府的财政预算，定期拨付，年终决算，专款专用，确保基本保护资金的落实。

2）出台有利于社会捐赠、赞助的政策，提供政策扶持及奖励手段，例如财政补贴，减免税费，提高容积率，融资贷款等。

3）明确准入标准、引入多元化的投资主体、投资资金和管理模式，引导社会团体、企业和个人参与，提高社会力量参与的积极性。

4）借鉴国内外先进理念、总结经验、提升技术，开展多学科合作，创新模式、完善理论与技术体系，实现科学研究、价值认定、合理保护。

(4) 政府加大宣传力度

1933 老场坊创意园区目前的旅游开发还尚未成熟，也没有形成固定的游客群体，所以旅游相关部门还应该加强对于园区的宣传工作，在上海市旅游官方网站及其他区域旅游网上开辟创意产业园专区，对园区进行重点推介，同时建立专门的创意园区旅游路线和指南，加大网络及媒体的宣传力度，提高上海创意园区的知名度。

(5) 寻找保护与改造的平衡点

旧工业建筑改造过程中，必须尊重旧建筑的历史，尽量保存外观、结构特征的完整性，保留旧的精华，将新的生命力注入旧建筑，挖掘空间的潜在用途，通过新旧元素的重组、融合，提升原有的功能，赋予时代使命，体现历史价值。

第 11 章　再生利用利益分配决策案例——昆明 871

11.1　项目基本信息

11.1.1　项目概况

871 文化创意工场前身为有着 60 多年历史的昆明重工，占地约 58 万平方米，现有重型工业厂房 25 栋，建筑面积约 15 万平方米，结构完整，立面完好，具有明显的工业风格，极具保护利用价值。871 项目在不改变原重工地块工业用地性质及权属的情况下，最大限度保护原有场地和厂房的独特历史风貌，通过适当完善基础设施、改造外部环境、重塑内部结构，利用老旧厂房所体现的历史文脉和特色，建设国内一流、国际知名的文化创意产业园区（如图 11.1 所示）。项目充分尊重企业原有的历史文脉及工业特质，建立以“互联网 + 创意 + 工业 + 生态 + 民族 + 旅游”的综合发展模式，共设置“未来主题区”、“当代主题区”、“多元交流区”及“怀旧主题区”四个主题片区（如图 11.2 所示），将项目打造成文化创意产业园区综合体，展现昆明印象、七彩云南，成为立足全国，向南亚、东南亚地区辐射，“做客云南”的“春城大厅”。

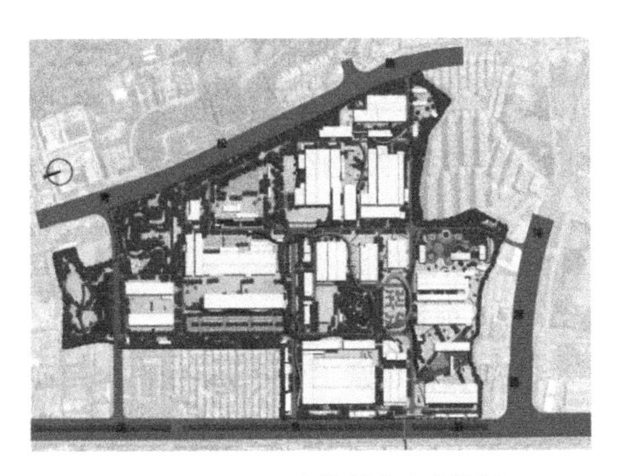

图 11.1　871 文化创意产业园区

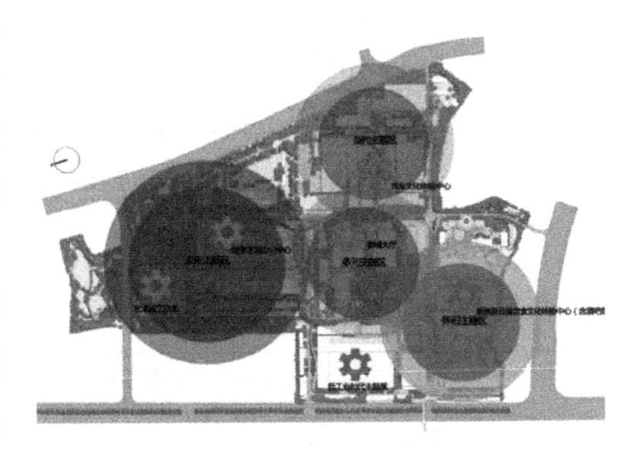

图 11.2　昆明重工机械厂房

11.1.2　项目历史

昆明重工起源于清朝末年建成的云南龙云局和劝工总局，几经沿革，历经云南五金厂、云南矿山机械厂，后并入于 1958 年始建的云南重型机器厂，即昆明重工。此后 60 多年间，昆明重工逐渐发展成为全国“八小重工”之首，创造了众多全国重型机器之最。抗战时期重机厂成为国之重器，新中国成立后，重机厂由于建筑结构完整，立面完好，具有强烈的工业风格，加之大型机械、模具、零件等机器设备均具有保护利用价值，为云南的城市建设及西南地区的开发做出了重大贡献。昆明重工在云南工业发展历程中非常具有代表性，以全国劳模、优秀共产党员耿家盛，父子劳模、兄弟名匠为代表的大国工匠群体，凝集所有工人们伟大的敬业精神、奉献精神，承载着几代人对往昔工业时代的记忆和情怀。

昆明市在2010年提出“退二进三、工业入园”的政策，在当地政府的主导下，龙泉路延长线的工厂相继加入了搬迁改造的行列。工厂搬迁改造主要有三种方式：搬迁新址、变卖旧厂和原址改造。昆明重工由于经济体制改革和市场因素等方面的原因，企业发展停滞不前，在2011年初昆明重工开始谋求新的发展之路。在2016年，昆明重工确认了从传统“机械制造企业”向“871文化创意产业园区”转型升级的改造路线。昆明重工的改造路线将依托昆明重机厂原有地形地貌和老旧建筑，遵照“修旧如旧”的原则对老旧厂房和仓库等原有建筑进行再生利用，将昆明重工打造成为集工业遗址、主题生态旅游、文化创意产业、特色商品体验O2O模式于一体的文化创意产业园区。

11.1.3 项目现状

（1）项目规划解析

871文化创意工场在经济新常态下，顺应供给侧改革及产业转型升级的客观要求，在云南建设“民族团结进步的示范区、生态文明建设的排头兵、面向南亚、东南亚的辐射中心”的战略机遇下，结合昆重自身转型需要，通过创意再设计、再规划、再构建，以全新的理念，打造国内一流、国际知名的文化创意产业园区。结合国家“一带一路”战略，以及建设云南面向南亚东南亚辐射中心的部署，为云南文化产业走出一片新天地。项目总体规划在以下三个层面上进行：建设“云南民族工业遗址博物馆”、打造“昆明印象，春城大厅”、塑造“创意871，舞动彩云南”，见表11.1。

871文化创意工厂总体规划解析　　表11.1

层面	名称	规划内容
1	云南民族工业遗址博物馆	“百年冶金，昆重春秋”，云南素有有色金属王国的美誉。现871文化创意工厂是一个在传统老工业厂区诞生的新型创意文化产业园区，并努力建设成为体验云南民族工业发展的工业遗址博物馆。
2	昆明印象，春城大厅	“生态昆明，文化昆明，幸福昆明”，如今要建设创意现代化、国际化新昆明，打造昆明印象、春城大厅的名片品牌。以昆明北部黑龙潭公园、植物园、长虫山公园、昆明瀑布公园、龙泉古镇五园合一的绿色生态旅游文化创意为核心，建设一个可激活智慧与创造财富的民族特色文化原创高地；一个业态丰富的新兴特色创意集市和环境友好能可持续发展的休闲娱乐人文生态园区；一个青年人喜爱的24小时新型活力生态圈；一个聚集资源提供贴身服务的新型创新创业平台。
3	创意871，舞动彩云南	抓住云南建设“民族团结进步的示范区、生态文明建设的排头兵、面向南亚东南亚辐射中心”的战略机遇，在“创新、协调、绿色、开放、共享”五大发展理念引领下，发挥云南得天独厚的差异化优势，激发新兴产业新动能。在世界的东方，展示绿色低碳云南、旅游文化强省、民族绚丽多姿的七彩云南。争取建设成为中国西南国家级文化创意中心，一个链接、辐射南亚东南亚地区的文化创意示范基地。

云南 871 文化创意中心园区主要有三个厂房，即水压车间、热处理车间、设备维修车间，三个厂房体现不同时期的建筑风格。此区域有供工友散步的小花园，植物茂盛，且有停车场广场以及其他一些附属建筑。针对中心园区的实际情况，做出以下设计：三个厂房予以保留，边上的配套建筑适当拆除，满足建筑改造的消防要求以及立面的完整；在建筑的顶部加建太阳能光伏板，此光伏板为 871 创意工场自主研发，在节能环保方面起到示范作用。园区如图 11.3、图 11.4 所示。

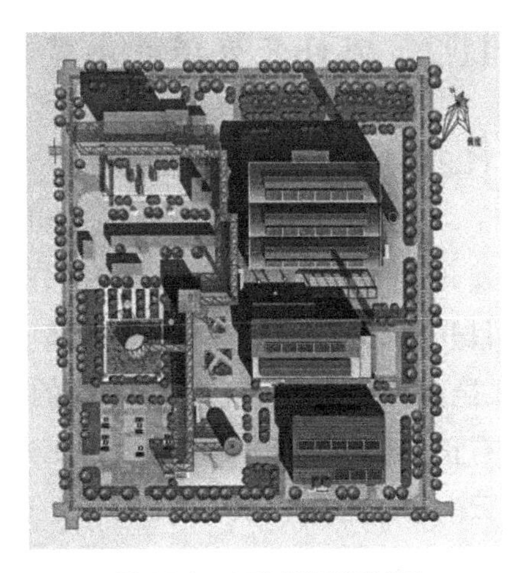

图 11.3　871 园区规划图

（2）项目运营模式

871 文化创意工场在运行过程中，以昆明 871 文化投资有限公司为营运主体，为园区提供金融支持，制定详细的营利计划，全面负责项目的招商、运营、合作、管理、经营、服务等一系列工作。并引入专业招商运营公司等战略合作伙伴，为园区提供专业的招商经验，制定符合园区实情的招商计划，整合国内外资源，提升整个园区的综合服务能力。其运营模式如图 11.5 所示。

图 11.4　871 园区鸟瞰图

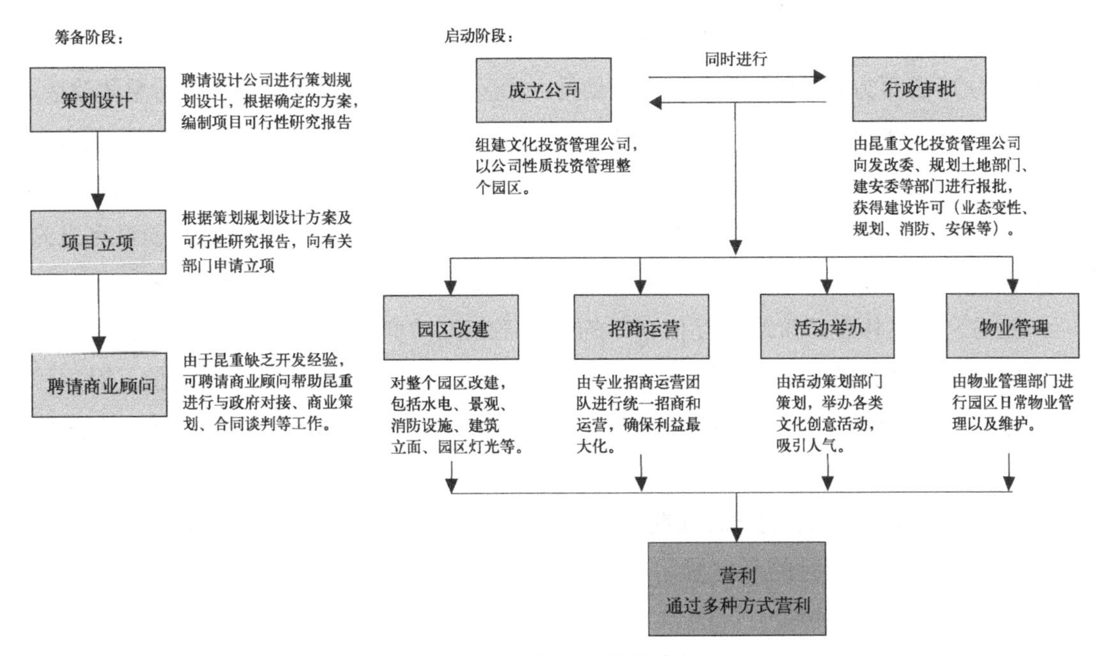

图 11.5　项目运营模式

11.2 项目开发模式决策与分配机制

11.2.1 利益主体基础信息

该项目的开发模式为多方合作发展型，项目利益主体为当地政府、原企业单位及开发商。旧工业建筑再生利用项目的主导方为当地政府（以下简称“政府”），政府给予项目开发专项资金以及相关的政策支持。原企业为云南冶金昆明重工有限公司（以下简称“昆明重工”），近年来由于市场的变化和企业体制的原因，昆明重工已经难以继续维持原有正常生产。开发商为昆明重工八七一文化投资有限公司（以下简称“文投公司”），属云南冶金昆明重工有限公司全资子公司，注册资本 1000 万元，经营范围主要围绕文化创意产业园区的投资、建设和运营开展。

11.2.2 开发模式决策及主体利益分配

根据园区在项目立项与建设运营过程中各项决策措施，整理政府、原企业和开发商三方对项目的投入或拟投入的经济数据，并评估各方选择各项决策措施的概率大小以及项目整体完工后所带来的社会、环境效益，以此为参考，输入旧工业建筑再生利用利益分配辅助决策软件来对项目进行辅助决策。

园区企业（含合作及招商企业）预计总投入约为 30 亿元，年收益约为 3.6 亿元，年平均收益率约为 12%。投资回收期 3 ～ 5 年。园区每年实现产值约 40 亿元，其中，产业园平台公司收入 1 亿元，文化企业实现营业收入 10 亿元。产业园所有企业平均实现每年营业额增长 15% 以上，园区的建成还能扩大社会就业机会，预计将新增 1500 个就业岗位；另一方面将带动社会其他产业的协同发展，形成共同进步的良好局面。前期拟对园区现有约 15 万平方米保留建筑的外观及结构、园区道路、环境及设施配套进行整体改造。现有 15 万平方米建筑的内部改造以及其余 15 万平方米可建面积，拟通过合作或租赁方式由合作企业或商家进行后续投资。预期项目前期总投资约 27500 万元。其中项目前期费用约 3000 万元，项目整体改造投入约 18000 万元，其他费用约 4500 万元，银行贷款利息约 2000 万元（利息以商业贷款 5% 计算，计两年），项目前期投资与收益情况见表 11.2。

三方利益主体在“策略相互依存”的情况下相互博弈，通过建立三方的收益函数，在不完全信息博弈模型下进行转换，计算出理想状态下三方的利益纳什均衡值。对项目概况进行分析，提炼出三个评价决策部分的指标数据，并根据指标释义进行评分和量值输入，得到昆明市该厂房再生利用利益机制辅助决策的相关指标量化值如下：

（1）输入政府参数：主导时预期项目经济收益 $\varphi(Z)$：26000；引导时预期项目经济收益 $\varphi(Y)$：10000；主导时的开发费用 I_1：10000；提供优惠政策时的支出 I_2：2500；主导时的安置补偿费用 W：2400。

（2）输入原企业单位参数：可获得的安置补偿费用 W：2400；预期项目经济收益 V：15000；

改造费用 C：27500；因改造而承担的损失 N：4000；维持原生产状态可得收益 $\overline{Y}$：500。

（3）输入开发商参数：预期项目经济收 V_1：36000；改造费用 C_1：27500；基准投资回报 $\overline{K}$：10%。

（4）输入概率：原企业、开发商对政府类型的先验概率 $P(\theta_{g1})$：0.4，$P(\theta_{g2})$：0.6；政府行动时的策略选择概率 $P(S_{g1})$：0.25，$P(S_{g2})$：0.75。

（5）总社会收益 B_s：40000；总环境收益 B_h：15000。

投资收益统计表　　　　**表 11.2**

	第一年	第二年	第三年	第四年	第五年	合计
支出						
前期费用	1000	2000				3000
基础投入	2000	13014	3000			18014
其他		0	1500	1500	1500	4500
银行利息		500	1000	500	0	2000
合计	3000	15514	5500	2000	1500	27514
收益						
租金	0	0	9869	9869	9869	29607
物业	0	0	774	774	774	2322
停车	0	0	122	122	122	366
合计	0	0	10765	10765	10765	32295
现金流	3000	15514	5265	8765	9265	4781

将量化值依次输入系统，得到结果如图 11.6、图 11.7 所示。

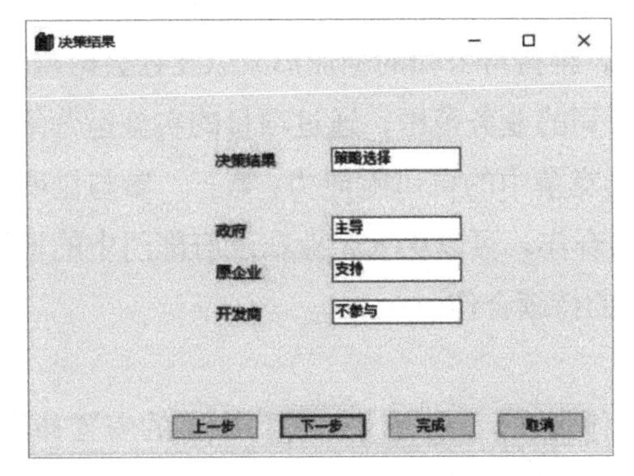

图 11.6　871 项目开发模式策略决策结果

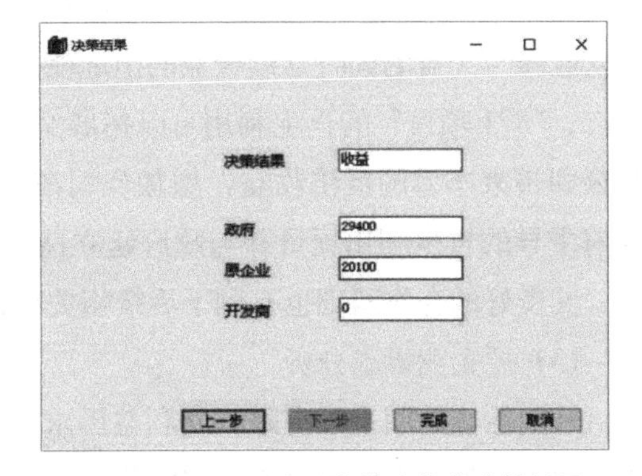

图 11.7　871 项目开发模式收益决策结果

项目开发模式的最优策略选择为政府主导，原企业支持，开发商不参与，这与实际开发过程中政府主导对原厂进行再生利用转型，给予项目开发专项资金以及相关的政策支持相同，符合政府主导的策略结果。该项目的实际开发主体为原企业全资控股的子公司，可视为原企业支持。因此，运用辅助决策软件得出的项目开发模式与实际开发时的开发模式相符。

在政府主导型的策略下，项目利益主体收益博弈结果为政府收益：29400，原企业收益：20100，开发商收益：0。在项目实际运营过程中，开发商与原企业为同一利益主体，所获收益均归于母公司——云南冶金昆明重工有限公司，可视为原企业收益，开发商不受益。收益博弈结果与项目运营初期各方收益比例相符，因此，运用辅助决策软件得出的项目收益结果与实际开发时的收益结果相符。

11.3 利益分配冲突分析与协调

11.3.1 利益主体诉求分析

（1）政府诉求分析

政府作为项目的主导者，主要诉求有以下两点：第一，通过871文化创意工场项目的落地，布局北市区文化创意产业并带动文化传媒以及影视娱乐产业的发展，进一步丰富北市区经济产业结构，活跃地区经济。通过高投资价值的区域发展定位，招商引资引进更多优质企业资源投入地区经济建设，最终为税收以及地区就业稳定创造有利条件。第二，通过对昆明871创意工场标志物的打造，承载云南昆明地区重工产业发展演变的记忆，逐渐成为地区文化凝聚力的载体，体现区域历史特色，从而活跃区域文化产业发展氛围，进一步改善地区精神文化建设，实现社会公共利益的最大化。

（2）开发商诉求分析

昆明重工八七一文化投资有限公司的利益诉求集中体现在以下三个方面：第一，作为昆明重工全资控股的子公司，在机械制造业务营收逐年下滑的时候需考虑企业转型，将营收转亏为盈的同时延续企业的土地使用权，维持母公司的企业形象以及社会影响力；第二，“871项目”的再生利用可以拓展文投公司的业务范围，通过项目的实施运营给文投公司带来丰厚的经济收益，增加公司在市场竞争中的抗风险能力；第三，参与昆明区政府主导的再生利用项目并与政府建立良好的合作，可以扩大企业在政府部门中的话语权，其良好的合作基础也有利于后续相关项目的持续合作。

（3）原企业诉求分析

云南冶金昆明重工有限公司利益诉求集中体现在两点：第一，原厂职工的安置补偿。由于项目员工大都处于中年且家庭负担较大，原厂的破产转型使其失去了主要收入来源，因此首要任务即原厂区员工生活问题的解决。失业职工的再就业问题需要妥善安排，合理的经济补偿需要积极落实。第二，由于昆明重工60余年的建厂历史，其生产生活方式早已融入原厂职工以及附近居民的日常生活当中，虽然因破产转型需要进行再生利用，但应最大限度地保持原貌，延续旧工业建筑的文脉记忆，以满足当地居民的情感寄托。

11.3.2 利益主体冲突分析

本项目由于原企业云南冶金昆明重工有限公司与开发商昆明八七一文化投资有限公司同属一家母公司，属于利益共同体，不存在相互利益冲突，故仅对政府与开发商的利益冲突进行分析。文投公司在文化产业专项资金申报、园区建设配套管理以及原机械厂用地土地出让金问题与政府冲突较为集中。因此，如何确定双方均可接受的代价平衡点是问题的关键。

文投公司作为项目开发商，主要目的是通过 871 项目的建设扩大企业市场占有率，进一步创造丰厚的利润营收。这要求公司以尽可能低的成本从政府手里拿下原机械厂用地，争取到较多的文化产业建设政策补贴，并依据政府扶持文化创意产业的发展战略，借助政府部门的影响力吸引实力雄厚的龙头企业支持产业平台建设，进一步引进高成长型企业落地园区。而在谈判前期，双方就土地出让金以及申报市文产专项资金补助金额相持不下，政府希望文投公司采用银行贷款以及金融机构融资的方式筹集项目开发资金，尽可能削减财政专项拨款金额的申报，利用企业成熟的商业运作把有限的资金发挥最大的应用价值。同时，文投公司希望在保证主产业定位文化创意的同时，引进一些酒店、餐饮类的高租金产业作为园区建设的配套，在一定程度上缓解园区运行的资金压力。而政府则因为园区为文化产业孵化基地的定位，对餐饮服务类企业的引进数量做了严格限制，防止文投公司将产业定位重心偏移，导致对文化创意产业的资源投入力度减轻。

因此，必须协调“政府—开发商”之间存在的利益冲突，只有在立项阶段将此类矛盾问题化解，才能推动再生利用项目顺利实施，实现各方利益最大化。

11.3.3 利益分配冲突协调

项目决策结果得出后，各利益主体为争取到更多的利益势必要进行博弈谈判进而出现利益冲突局面。871 项目主要涉及政府与开发商间的利益冲突，因此，通过输入开发商预期项目获利、开发商额外收益、开发商贴现因子和政府贴现因子数据，再经过博弈模型的构建计算，最终得出博弈后的各方利益分配结果。根据项目利益主体博弈数据可得以下量化值：

开发商预期项目获利 R：20100；开发商的额外收益 e_2：1500；开发商的贴现因子 θ_p：0.8；政府的贴现因子 θ_g：0.95。

将量化值依次输入系统，得到结果如图 11.8 所示。

对最优策略下的三方利益分配结果进行冲突调解，可得开发商实际获利约为 13400 万元，政府实际获利约为 16750 万元，这与该项目的实际获利比例结果相符。

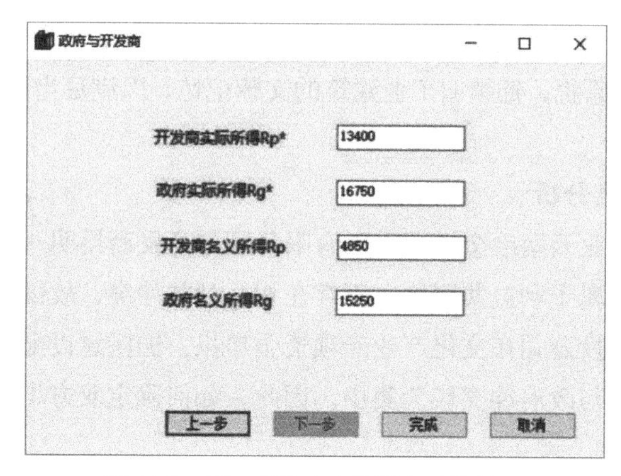

图 11.8　871 项目冲突协调与建议结果

11.4　优化建议

871 项目在利益分配过程中，需要制定相应的规范准则来约束利益主体在履约过程中的行为，明确利益主体的努力方向与努力程度，有效应对项目实施过程中的不确定性事件。同时，除了参考利益分配辅助决策软件所得出的利益分配方案，在运行过程中还需根据各利益相关者的实际投资比重以及合同执行度的差异，对分配方案进行补充完善，多维度地衡量利益相关者的项目贡献，最大限度地保证各方利益。针对“昆明 871 文化创意工场”项目，提出以下几点利益分配时的对策与建议：

（1）设立利益分配工作小组

由当地政府、文投公司以及其他各利益相关者邀请第三方事务所或经济技术、运营管理等方面专家组成，并作为项目的常设机构。该小组负责领导及协调利益分配过程中收益分红、利益奖惩以及争端解决等重大事项，并设立常驻办公室对接外部资源单位与各利益相关者项目负责人，对园区运行过程中的利益分配进行组织策划，检查督促各利益相关者对合同内责任的落实情况，并总结园区建设运营的成功经验，定期出台项目运行效益报告向政府以及社会公告。

（2）建立利益相关者退出机制

在项目建设运营过程中，个别利益相关者在项目立项阶段对项目的调查了解不够深入，误判了自身资金实力以及项目运行过程中自身所需投入资源的程度。建立利益相关者的利益退出机制能够增强项目运营过程中的抗风险能力，通过对退出标准程序的规定，明确其退出的基本流程、协议的解除、退出时已投入资源的赔偿、违约责任的认定等。为了将临时退场对项目的影响降到最低，还需配套建立利益相关者退出应急响应机制，将退出方的合同责任与权力临时分配给其余各方，保证项目正常运转，待其他合作方补位后再将责任权利平稳交接，保证项目的顺利运行，维护各利益相关者的利益。

（3）根据各方投资比重进行利益分配

文投公司在立项初期对项目注入主要启动资金，是项目运行亏损风险主要承担方，其合同内的资金回报率应高于其余利益相关者平均资金回报率。同时文投公司前期 5000 万自有资金以及 2 亿元银行贷款的资金投入，为项目后期运营效益的回报奠定了基础，在利益分配时应将其作为第一受益方，优先享受园区收益分红。为激励当地政府对园区建设的专项资金扶持以及其余利益相关者的资源投入力度，可设置梯度资金回报率，即在合同内规定各方出资比例上下限，限内资金给予平均水平的资金回报率，对超限投资的金额则根据所占总投资比例，对该笔资金予以最低创收保证以及高于平均水平的资金回报率。在保证项目运行资金充足的同时进一步扩大生产规模，提高项目运营效率。

（4）根据合同执行度进行利益奖惩

在 871 项目合同订立阶段可规定详细的责任与权利划分范围，以及相应的利益奖惩制度。各利益相关者需严格遵照合同约定履行自己的职责，如因过程中的配合不力或资源投入力度无法满足园区建设需求，对园区运行造成不利影响则可判定违约。根据合同奖惩制度的约定，对违约方进行项目分红削减或暂扣以示警醒，如在随后建设过程中仍无法全力配合，则可启动利益相关者退出机制，强制要求其退场。而对于在履约过程中表现积极且投入资源程度较大的利益相关者则可予以奖励，根据对项目运行贡献程度的不同，设置提高分红比例，提升绩效考核，以及利益优先受偿等措施，用来激励各方的项目建设热情，增强合同履约的执行度。

参考文献

[1] 袁丽琴 . 新型城镇化背景下，城市更新方向分析 [J]. 住宅与房地产，2016（21）：242-243.

[2] 刘贵文，赵祯，谢宗杰 . 城市更新视角下的工业遗产价值实现路径研究 [J]. 建筑经济，2018，39（12）：94-98.

[3] 李慧民，张扬 . 旧工业建筑绿色再生概论 [M]. 北京：中国建筑工业出版社，2017.

[4] 李慧民，陈旭 . 旧工业建筑再生利用管理与实务 [M]. 北京：中国建筑工业出版社，2015.

[5] 李智明 . 工业建筑的发展趋势探析 [J]. 中国城市经济，2011（20）：193-193.

[6] 李东升，杜恒波，唐文龙 . 国有企业混合所有制改革中的利益机制重构 [J]. 经济学家，2015（9）：33-39.

[7] 朱晓龙 . 大中城市棚户区改造的体制机制问题研究 [J]. 中国房地产（学术版），2017（8）：48-54.

[8] 武乾，于露，陈旭 . 旧工业建筑改造工程安全监管博弈分析 [J]. 工业安全与环保，2016，42（11）：46-49.

[9] 杨杰，李洪砚，杨丽 . 面向绿色建筑推广的政府经济激励机制研究 [J]. 山东建筑大学学报，2013，28（4）：298-302.

[10] 张维迎 . 博弈论与信息经济学 [M]. 上海：上海人民出版社，2004.

[11] 张朋柱 . 合作博弈理论与应用：非完全共同利益群体合作管理 [M]. 上海：上海交通大学出版社，2006.

[12] 李慧民，田卫，等 . 旧工业建筑再生利用评价基础 [M]. 北京：中国建筑工业出版社，2016.

[13] 程启月 . 评测指标权重确定的结构熵权法 [J]. 系统工程理论与实践，2010，30（07）：1225-1228.

[14] 胡林辉 . 可持续发展背景下旧厂房环境再生设计 . 探索与实践 [J]. 美术观察，2017（05）：98-99.

[15] Carmen J，Fernando O，Rahim A. Private-public partnerships as strategic alliances [J]. Transportation Research Record：Journal of the Transportation Research Board，No. 2062，2008，1-9.

[16] Hilde Meersman，Tom Pauwels，Eddy Van de Voorde，Applying SMC pricing in PPPs for the maritime sector [J]. Research in Transportation Economics，2010：2-7

[17] 長谷川，専，上田，孝行 .PFI 事業における公的支援について [J]. 地域学研究，1999：30.

[18] 中川，良隆，浜島，博文 . PFI 事業の VFM 算定に関する一考察：一般地方道路事業の場合 [J]. 土木学会論文集 = Proceedings of JSCE，2002，700：195-200.

[19] 杨帆，杨琦，张珺，郗恩崇 . 公共交通定价与最优政府补偿模型 [J]. 交通运输工程学报，2010，10（02）：110-115.

[20] 何寿奎，王茜，顾剑 . 准公共项目公益性损耗补偿机制探讨 [J]. 建筑经济，2014（04）：111-114.

[21] 高颖，张水波，冯卓 .PPP 项目运营期间需求量下降情形下的补偿机制研究 [J]. 管理工程学报，2015，29（02）：93-102.

[22] 杜杨，丰景春 . 基于公私不同风险偏好的 PPP 项目政府补偿机制研究 [J]. 运筹与管理，2017，

26（11）：190-199.

[23] 曹启龙，周晶，盛昭瀚 .PPP 项目中政府补偿与社会资本投资运营决策研究 [J]. 运筹与管理，2017，26（12）：1-8.

[24] 王卓甫，侯嫚嫚，丁继勇 . 公益性 PPP 项目特许期与政府补贴机制设计 [J]. 科技管理研究，2017，37（18）：194-201

[25] 梁洋，毕既华 . 既有建筑改造的监管机制研究 [J]. 沈阳建筑大学学报（社会科学版），2011，13（01）：31-34.

[26] 马英娟 . 政府监管机构研究 [M]. 北京：北京大学出版社，2007.

[27] 李世蓉，兰定筠，胡玉明 . 业主工程项目管理实用手册 [M]. 北京：中国建筑工业出版社，2007.

[28] Gabaix，Landier.Remuneration：Where we've Been，How We Got to Here，What Are the Problems，and How to Fix Them[J].Harvard Business School NOM Research Paper.2004：04-28.

[29] Magee J.C.，Kilduff G.J.，Heath C.，On the Folly of Principal'S Power：Managerial Psychology as a Cause of Bad Incentives[J].Research in Organizational Behavior.2011：25-41.

[30] 吕添贵，梁慧美 . 利益相关者视角下城市垃圾处理设施选址"邻避"冲突：形式、成因与应对研究 [J]. 江西科学，2018，36（05）：877-883.

[31] 王贤福 . PPP 项目利益相关者协调和分配研究 [J]. 财经界（学术版），2017（02）：85.

[32] 柳红梅 . 基于旧厂房改造的盈利模式分析——以大华纱厂为例 [J]. 能源与节能，2011（10）：68-70.

[33] 田卫，李慧民，陈旭，等 . 旧工业建筑再生利用评价体系研究 [J]. 工业建筑，2013，43（10）：1-4.

[34] 王铁铭，黄文华 . 陕西钢厂工业遗产改造利用的具体措施研究 [J]. 华中建筑，2014，32（09）：55-58.

[35] 杨玥 . 西安老钢厂创意产业园内旧工业建筑空间再利用现状分析与研究 [J]. 建筑与文化，2017(09)：89-90.

[36] 刘明亮 . 北京 798 艺术区：市场化语境下的田野考察与追踪 [M]. 北京：中国文联出版社，2015.

[37] 周岚 . 空间的向度：798 艺术区的社会变迁 [M]. 北京：中国轻工业出版社，2012.

[38] 姚林青 . 文化创意产业集聚与发展：北京地区研究报告 [M]. 北京：中国传媒大学出版社，2012.

[39] 刘华波，王红囡，朱春明 . 上海 1933 老场坊检测与评估 [J]. 施工技术，2010，39（06）：104-106.

[40] 李勤，程伟，田伟东，李增光 . 旧工业园区环境品质提升的方法与实践—— 以云南 871 文化创意园区为例 [J]. 遗产与保护研究，2019，4（05）：67-73.

[41] 陈旭，刘龙，田卫 . 由旧工业厂区再生的文创园商业模式竞争力要素评价 [J]. 西安建筑科技大学学报（自然科学版），2018，50（06）：826-833.